牛

轻松拍片

数码摄影速成 380例

北极光摄影　编著

人民邮电出版社
北京

图书在版编目（ＣＩＰ）数据

　　轻松拍牛片 ： 数码摄影速成380例 / 北极光摄影编
著. -- 北京 ： 人民邮电出版社，2016.2
　　ISBN 978-7-115-41628-5

　　Ⅰ．①轻… Ⅱ．①北… Ⅲ．①数字照相机－摄影技术
Ⅳ．①TB86②J41

　　中国版本图书馆CIP数据核字(2016)第014008号

内 容 提 要

　　本书是一本介绍数码摄影基本知识和实用技法的数码摄影速成秘籍。书中详细讲解了数码摄影的常用镜头、附件，相机使用方法、菜单和拍摄模式设置，用光、构图要素，以及实战拍摄技巧等知识，并配合大量的典型照片，帮助读者更具象地学习和理解这些知识。

　　本书专门挑选了人像、儿童、风光、建筑、夜景、纪实、花卉、树木、动物等拍摄题材，全面分析了这些题材适用的拍摄技法、要点，在全面巩固理论知识的同时，帮助读者掌握各类题材的实拍技法。

　　全书语言简洁，讲解清晰，图例丰富、精美，还辅以大量的教学视频，能够帮助读者迅速提升摄影技能，将摄影知识和实拍技法融会贯通，轻松拍出作品级大片。

◆ 编　著　北极光摄影
　　责任编辑　张　贞
　　责任印制　周昇亮
◆ 人民邮电出版社出版发行　　北京市丰台区成寿寺路 11 号
　　邮编　100164　电子邮件　315@ptpress.com.cn
　　网址　http://www.ptpress.com.cn
　　北京方嘉彩色印刷有限责任公司印刷
◆ 开本：690×970　1/16
　　印张：18　　　　　　　　　　2016 年 2 月第 1 版
　　字数：530 千字　　　　　　　2016 年 2 月北京第 1 次印刷

定价：69.00 元
读者服务热线：**(010)81055296** 印装质量热线：**(010)81055316**
反盗版热线：**(010)81055315**
广告经营许可证：**京崇工商广字第 0021 号**

前言

瞧，这张照片真棒！这是在一些与摄影相关的场合经常能听到的一句话。棒在哪里？因为它漂亮，因为它有故事，因为它很难拍到，因为它有纪念意义……

总之，它能够将观者的目光牢牢吸引住。生活中处处存在美，值得拍照的事物随处可见，例如一个小女孩无助、哀伤的眼神，一片红艳似火的沙漠，雨后天边泛起的一道彩虹，一个趴在窗边向外眺望的孩子，一束照在老房子屋角的斑驳光影，一只在迷雾中飞舞的黑蜻蜓等。而发现这些值得拍摄的画面的能力，则是成为优秀摄影师的第一步，这种能力来源于长期坚持不懈的拍摄实践活动与自我审美素养的提高，这就是摄影圈中常提到的培养"摄影眼"。

对于摄影初学者而言，要想拍出好照片，除了培养自己发现美的慧眼以外，熟练掌握并精通各类题材的拍摄技法至关重要，只有这样，才能捕捉到精彩的瞬间，把想法变成摄影作品。否则，面对美景或稍纵即逝的罕见瞬间也会由于技法贫乏而错失良机，这正印证了"机会总是给有准备的人"这句俗语。

本书正是一本能够帮助各位读者快速掌握并精通各类常见题材拍摄技法的实用型图书，详细讲解了户外人像、儿童、体育纪实、人文纪实、舞台纪实、山峦、日出日落、湖泊、瀑布、海洋、树木、雪景、建筑、夜景、野生动物、宠物、鸟类、昆虫、花卉等20余类常见题材的数百种拍摄技法。即使是接触摄影时间不长的读者，阅读本书之后，也能够掌握绝大多数摄影题材的拍摄技巧，轻松应对各种拍摄场合的挑战，用画面完美地表达出自己的情感、环境氛围。

各位读者可以通过以下方式与编者进行互动，获得疑难问题解答。

新浪微博：http://weibo.com/bjgsygj

微信公众号：好机友摄影

QQ群：247292794、341699682、190318868

北极光摄影论坛：http://www.bjgphoto.com.cn

我们将在微博及微信公众号中定期发布新鲜摄影理念、精彩摄影作品、实用摄影技法，并不定期进行比赛、抽奖活动。喜爱外拍的摄影爱好者，还可以关注北极光摄影论坛，我们还将在论坛中发布组织外拍采风活动的信息。

如果希望直接与编者团队联系，请拨打电话4008-367-388。

为了帮助读者更好地学习摄影知识，我们还开发了专业的摄影学习APP"好机友摄影"，读者可以通过扫描下面的二维码，或在各大应用商店搜索"好机友摄影"进行下载。此APP中包含海量摄影技法、摄影学习视频以及各类摄影美图。

好机友摄影微信
扫一扫二维码，加入读者俱乐部。

好机友摄影APP
扫一扫二维码，下载好机友摄影APP。

本书是集体劳动的结晶，参与本书编著的有：雷剑、吴腾飞、雷波、左福、范玉婵、刘志伟、李美、邓冰峰、詹曼雪、黄正、孙美娜、刑海杰、刘小松、陈红艳、徐克沛、吴晴、李洪泽、漠然、李亚洲、佟晓旭、江海艳、董文杰、张来勤、刘星龙、边艳蕊、马俊南、姜玉双、李敏、卢金凤、李静、肖辉、寿鹏程、管亮、马牧阳、杨冲、张奇、陈志新、孙雅丽、孟祥印、李倪、潘陈锡、姚天亮、车宇霞、陈秋娣、褚倩楠、王晓明、陈常兰、吴庆军、陈炎、范丽丽等。

编　者

目录

CHAPTER 1

人像摄影通用
技法50例

1.1 人像摄影的常用镜头

使用中焦镜头拍摄亲切、自然人像

中焦镜头是指等效焦距在35mm～135mm的镜头。其特点是几乎不会产生畸变，从人带景、全身、半身、脸部特写都可以应用自如，能够拍出真实、亲切、自然的人物肖像，是最常使用的人像摄影镜头。不过，由于此焦段既不能拍出广角的大场景气势，也不能拍出长焦的浅景深梦幻，因此，对摄影师的构图能力要求较高。

另外，中焦定焦镜头具有大光圈且价格较为便宜的特点，例如Canon EF 50mm f/1.8 II（Nikon 50mm 1.8D）镜头，售价也不过500~700元人民币，用于APS-C画幅相机时，等效焦距约为80mm，该焦距很适合拍摄人像，并可以获得非常好的浅景深效果。

⊙ 使用中焦镜头拍摄人像时，摄影师与模特可以保持一个比较合适的距离，既不影响交流，又不会因太靠近而使模特感到紧张

焦距：50mm　光圈：f/2.8　快门速度：1/500s　感光度：ISO 200

⊎ 使用大光圈中焦镜头拍摄人像时，能够获得很好的背景虚化效果

焦距：50mm　光圈：f/2.8　快门速度：1/640s　感光度：ISO 100

使用广角镜头拍摄人像能容纳更多环境元素

广角镜头的焦距通常在 10mm～35mm，使用广角镜头拍摄人像时可以容纳更多环境元素，具有将距离感夸张化、对焦范围广、景深范围大的特点，使用这种镜头即使在狭小的场景或者是拥挤的环境中照样能够运用自如。

使用广角镜头拍摄的人像摄影作品更为独特，视觉效果非常突出，因此，近年来已经可以在婚纱写真、美女糖水片等题材的摄影中见到这种风格的作品。

广角镜头虽然在画面表现方面非常有特色，但也存在一些缺陷，因此在使用时要多加注意。

■ 边角模糊：对于广角镜头，特别是广角变焦镜头，最常见的问题是照片四角模糊。这是由镜头的结构导致的，因此这种现象较为普遍，尤其是使用 f/2.8、f/4 这样的大光圈时。廉价广角镜头中这种现象尤为严重。

■ 暗角：由于进入广角镜头的光线是以倾斜的角度进入的，而此时光圈的开口不再是一个圆形，而是类似于椭圆的形状，因此照片的四角处会出现变暗的情况，如果缩小光圈，则可以减弱这种现象。

■ 桶形失真：使用广角镜头拍摄的照片中，除中心以外的直线将呈现向外弯曲的形状（好似一个桶的形状），这种变形在拍摄人像等题材时会导致所拍摄出来的照片失真。

◑ 通过比较这两幅画面可以看出，10mm 超广角镜头扭曲了靠近画面边缘的图像，尤其是人物的腿部，使画面整体看起来很有卡通效果，这种效果比较符合时下年轻人特立独行的风格，而右侧画面仅有稍许的变形

焦距：10mm　光圈：f/8　快门速度：1/500s　感光度：ISO 200　　　　　焦距：14mm　光圈：f/11　快门速度：1/500s　感光度：ISO 200

使用长焦镜头拉近人物并获得不错的虚化效果

长焦镜头是指焦距大于135mm的镜头，拍摄人像不会产生变形的问题，同时，由于焦段的关系，即使光圈不大，也一样可以拍出浅景深效果的画面。新手初入门时，可以优先考虑使用长焦镜头拍摄，训练减法式构图，学习精简画面。简洁的画面比较容易突出主题，主题明确是好照片的标准之一。

长焦镜头有景深浅的特点，如果再配合使用较大的光圈进行拍摄，可以得到不错的虚化效果，如Canon EF 200mm f/2.8L II USM（Nikon AF 180mm f/2.8D IF-ED）、Canon EF 70-200mm f/2.8L IS II USM（Nikon AF-S 70-200mm f/2.8G ED VR II）等镜头，都是专业摄影师手中的人像拍摄利器。

由于使用长焦镜头拍摄时摄影师要与模特保持很远的距离，不适合拍摄集体人像照，比较适合摄影师与模特一对一拍摄时使用。

⊃ 长焦镜头具有压缩背景的功能，即使用中等光圈，也可以很好地将背景虚化，使主体得以突出

焦距: 200mm
光圈: f/5.6
快门速度: 1/500s
感光度: ISO 200

∩ 很多赛事和活动都受到场地的限制，摄影师根本无法靠近运动员或演员，此时就必须使用长焦镜头才有可能捕捉到比赛或演出过程中的精彩瞬间——与此同时，为了避免相机抖动造成照片模糊，可以使用三脚架保持相机的稳定

采用300mm的超长焦距，配合f/3.5的大光圈，在焦外
形成了如奶油般的虚化效果

焦距：300mm　光圈：f/3.5　快门速度：1/500s　感光度：ISO 200

1.2 人像摄影的曝光设置

灵活设置快门速度拍摄动静不定的人像

　　从模特的角度来说，如果是静态摆姿拍摄，那么将快门速度设为1/8s左右就可以成功拍摄——当然，在这种情况下，很难达到安全快门的速度，因此最好使用三脚架，以保证拍摄到清晰的图像。

　　如果是拍摄运动人像，那么应根据人物的运动速度来确定快门速度。多数情况下，使用1/250s的快门速度已经可以成功抓拍运动人像了。

⊃ 可根据拍摄对象的状态设置快门速度，确保画面的清晰度

焦距: 165mm　光圈: f/8　快门速度: 1/250s　感光度: ISO 200

通过增加曝光补偿拍出白皙皮肤的人像

　　曝光补偿是在相机测得的曝光组合基础上增减曝光量，以获得需要的画面效果，是微调画面曝光量的方法。

　　拍摄人像时，在获得正常曝光的基础上，适当地增加1/3~2/3挡的曝光补偿，可以使模特的皮肤比在正常曝光条件下要白皙、柔滑许多，而且皮肤上的一些小瑕疵也能淡化。

⊃ 增加曝光补偿后可使画面亮度提高，使模特的皮肤看起来更加白皙、娇嫩

焦距: 135mm　光圈: f/2.8　快门速度: 1/200s　感光度: ISO 125

灵活运用白平衡表现真实色彩的人像

通常情况下，使用预设的阴天、阴影、荧光灯等白平衡，就可以满足各种情况下人像摄影色彩还原真实的需求，若有特殊或精确的要求，也可以通过手动调整色温值的方式进行精确设置。例如，在棚内拍摄时，就可以根据灯具的色温，在相机上进行相应的设置。

另外，有些情况下，并不是将色彩还原为正常状态就是最好的选择，还可以尝试使用其他的白平衡模式，来获得不同的色彩效果。例如，在室内环境拍摄时，使用阴天或阴影白平衡可以得到温馨的暖色调画面，也很受广大摄影师和美女们的青睐。

⌂ 在影棚中拍摄人像时，通常以准确还原色彩为基准来设置白平衡

焦距: 60mm　光圈: f/10　快门速度: 1/250s　感光度: ISO 200

扫描二维码，跟视频学摄影

↻ 摄影学习理论 —— 使照片具有视觉焦点

适当提高感光度拍摄弱光环境中的人像

在光线比较暗的条件下拍摄人像时，若使用低感光度设置，快门速度会变得较慢，可能会由于拍摄时相机的抖动而使画面的清晰度受到很大影响。

所以，在光线条件比较暗而又不想使用闪光灯的情况下，可以将相机的感光度数值调高一些，每提高一挡感光度，快门速度也会随之增加一倍，这对于在光线较暗的条件下拍摄人像的意义非常重大。

⌂ 室内拍摄时，由于环境中的光线较暗，因此常使用较高的感光度进行拍摄

焦距: 320mm　光圈: f/6.3　快门速度: 1/250s　感光度: ISO 1600

1.3 人像摄影常用拍摄模式

使用程序自动模式在自然状态下抓拍人像

使用程序自动模式拍摄时，可以设置除光圈及快门速度以外的所有参数，也可以转动主拨盘或速控拨盘来选择不同的曝光组合，以适应不同的拍摄需求。此模式最大的优点是操作简单、快捷，对儿童、人文纪实等需要抓拍的题材而言非常有用，方便随时利用此模式抓拍到自然状态下的人像。

◐ 使用程序自动模式很好地抓拍到了当地狂欢节上的人物

焦距: 200mm 光圈: f/4 快门速度: 1/3200s 感光度: ISO 100

使用人像场景模式在杂乱环境中拍摄小景深人像

人像场景模式最主要的特点是，相机将使用较大的光圈获得浅景深，并针对皮肤进行优化，使之在色彩、锐度等方面更适合表现人像。另外，当处于弱光环境时，相机还会自动开启闪光灯进行补光，因此，适合拍摄杂乱环境中的人像。

虽然人像场景模式专门针对人像拍摄进行了优化，但毕竟还是一个依靠相机的智能设置进行拍摄的模式，因此较适合一些要求不太严格，或只求简单记录的情况使用，若是从事专业、严谨或要求较高的摄影工作，建议还是根据需要选择光圈优先、快门优先或手动等更专业的曝光模式。

◐ 通过采用大光圈拍摄，将大面积的背景虚化，使清晰范围集中在人物身上，从而更好地突出了人物主体

焦距: 85mm 光圈: f/2.8 快门速度: 1/400s 感光度: ISO 100

使用光圈优先模式在不同场合拍摄不同景深的人像

使用光圈优先模式（尼康为 A 模式，佳能为 Av 模式）拍摄时，摄影师可对光圈值进行设置，然后由相机通过自动测光系统计算出一个合适的快门速度，从而获得准确的曝光。

光圈优先模式的应用非常广泛，因为光圈不仅可以控制曝光量，还可以控制景深。光圈越小，景深就越大；光圈越大，景深就越小。景深小的照片虚实对比明显，具有艺术魅力；景深大的照片画面细腻，细节表现更为丰富。可以根据场合的不同灵活设置光圈的大小，以得到不同景深的人像画面。

使用光圈优先模式拍摄人像，既能获得漂亮的背景虚化的效果，又能使远近景物都清晰成像，从而使拍摄出来的人像照片更具魅力。

使用手动模式在室内拍摄恒定光源下的人像

使用手动模式拍摄时，摄影师可对相机的光圈大小、快门速度、感光度、色温等所有拍摄参数进行设置。正是由于选择的空间大，很多专业摄影师都会使用手动模式进行拍摄，以获得独特的画面效果。

通过手动模式设置曝光值后，由于光圈与快门速度的数值已经被确定，因此即便移动了相机的拍摄位置，曝光值也不会发生改变，所以不需改变其他设置，也可以得到相同的拍摄效果，因此此模式适合在光源恒定的影棚内使用。

虽然很多摄影爱好者刚开始练习时会感到使用手动模式要比光圈优先模式操作起来慢一些，但真正掌握了相机的使用方法后，反而会觉得使用手动模式更方便、顺手。

 使用光圈优先模式，通过选择不同的光圈，更容易控制画面的景深

焦距: 70mm 光圈: f/2.8 快门速度: 1/320s 感光度: ISO 100

 在棚内拍摄人像时，由于主要是采用影室灯进行照明，光源较为固定，因此经常会使用手动曝光模式

焦距: 75mm 光圈: f/9 快门速度: 1/125s 感光度: ISO 100

摄影师选择手动曝光模式拍摄，结合拍摄预想，通过对光圈、快门速度进行双重控制获得了理想的曝光效果

焦距: 35mm 光圈: f/8 快门速度: 1/160s
感光度: ISO 320

在使用手动模式拍摄人像时，需要特别注意以下几点。

（1）通过液晶屏检查照片的直方图，看曝光是否准确。

（2）可以通过改变ISO数值来控制曝光量，但是如果对感光度进行调整，就需要改变快门速度或重设光圈。光圈、快门速度和感光度是曝光三要素，三者相互配合才能获得准确的曝光。

（3）调节光圈时，需要时刻留意景深的变化，保证现有光圈值能满足景深的需求。

（4）设置好曝光组合后，需要关注光线等条件的变化，必要时可在原来参数设置的基础上进行相应调整，以获得准确的曝光。

1.4　人像摄影常用测光模式

利用中央重点测光拍摄弱光环境中的人像

　　中央重点测光（佳能相机为"中央重点平均测光"）模式以画面中央大约70%区域的拍摄对象亮度作为测光重点，同时还兼顾了另外30%的区域。

　　这种测光模式较适合拍摄主体位于画面中央主要位置的场景，在人像摄影中运用较为普遍，尤其适合用来拍摄背景较深的弱光环境中的人像。

⊃ 画面中的光照较为均匀，使用中央重点测光模式就可以很好地对人物进行测光

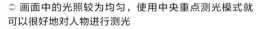

焦距: 50mm　光圈: f/2.2　快门速度: 1/800s　感光度: ISO 400

利用点测光拍摄剪影效果的人像

　　点测光模式的测光范围非常小，通常只占取景器的3%左右，因此在光线环境复杂，或需要精确进行测光时较为适用。

　　在光线比较充足的环境中拍摄时，使用点测光模式对较亮的天空进行测光，可得到剪影效果的人像画面。

⊃ 以点测光对天空处测光后，得到剪影效果的人像，画面看起来简洁、明了，且非常具有形式美感

焦距: 85mm　光圈: f/2.5　快门速度: 1/1250s　感光度: ISO 250

1.5　人像摄影常用对焦方法

自动对焦模式适合对焦动静不定的人像

　　拍摄人像时，通常会使用自动对焦模式。如果拍摄静止或运动幅度很小的模特，可以选择 AF-S 单次伺服自动对焦（佳能相机为 ONE SHOT 单次自动对焦）模式；如果模特为运动状态，可选择 AF-C 连续伺服自动对焦（佳能相机为 AI SERVO 人工智能伺服自动对焦）模式，此模式可以随着人物的运动而自动重新对焦。

⊃ 利用连续伺服自动对焦模式对焦，将水下的女孩清晰地定格在画面中

焦距: 75mm　光圈: f/5.6　快门速度: 1/1320s　感光度: ISO 800

手动选择对焦点拍摄焦点清晰的人像

　　毋庸置疑，对人像摄影而言，最佳的对焦位置就是眼睛。因此手动选择眼睛附近的对焦点，可以进行快速的对焦、构图及拍摄工作，拍出清晰的人像画面。

　　手动选择对焦点除了可以提高拍摄效率外，也可以避免出现在重新构图时由于相机位置的偏移而导致的画面对焦不准等问题。例如在竖向构图时，可以选取顶部或顶部中间眼睛附近的对焦点；在横向构图时，也可以按照类似的方法，选择左侧或右侧眼睛附近的对焦点。

⊃ 拍摄时半按快门进行测光及对焦，成功后可以保持半按快门状态调整构图

焦距: 50mm　光圈: f/2.8　快门速度: 1/320s　感光度: ISO 100

1.6 人像摄影常用画幅形式

利用横画幅构图表现环境人像

横画幅的画面比较开阔，比较适合拍摄人物与环境一体的人像照片。采用这样的画幅形式拍摄人像时，可包含较多的环境信息。横画幅也是拍摄群体人像的首选画幅形式。

⊃ 横画幅构图使得画面表现了人物的上半身，并很好地交代了人物所处环境的信息

焦距：100mm 光圈：f/3.5 快门速度：1/200s 感光度：ISO 200

利用竖画幅构图突出人像身材

竖画幅也就是竖长方形构图，这种画幅形式是拍摄人像常用的一种构图方式。竖画幅更加强调画面中的垂直因素以及画面的纵深度，无论是拍摄全身人像还是半身人像，都可以采用这种形式，可以更好地表现拍摄对象的身材。

扫描二维码，跟视频学摄影

⊃ 摄影学习理论——突出拍摄对象

⊃ 利用竖画幅构图很好地表现了模特修长的腿，其修长的身材非常漂亮

焦距：45mm 光圈：f/6.3 快门速度：1/250s 感光度：ISO 400

1.7 人像摄影常用构图形式

用三分法构图更好地突出人物

简单来说，三分法是利用水平及垂直三分线将画面平均分为9个部分，当主体位于某条三分线上或附近时，如人物的眼睛、面部等，在视觉上能够给人带来愉悦和生动的感受，避免人物居中给人的呆板感觉，可以更好地突出人物。

↻ 采用横画幅构图时，或坐或站的模特都可以被置于画面的1/3处，由于相机的取景器为4×4网格，因此我们将主体置于右数第2列的网格中即可（如红框标注）

焦距: 135mm 光圈: f/6.5 快门速度: 1/200s 感光度: ISO 100

有些相机提供了4×4或3×3的取景器网格，我们可以将它与三分法构图完美地结合在一起使用，理解了这一点，就不难在拍摄过程中准确地进行三分法构图了。

◖ 取景器网格可以辅助我们轻松地进行三分法构图

除了掌握三分法构图的原理之外，我们还需要针对不同的情况进行灵活运用，以保证拍出成功的摄影作品。简单来说，三分法构图在横画幅及竖画幅构图时的要点就有所不同。

对于竖画幅构图的人像，通常是以眼睛作为三分法构图的参考依据，当然，随着拍摄面部特写到全身像的范围变化，构图的标准也略有不同。

⚲ 在对人物腰部以上的部分进行构图时，通常会将人物眼睛置于上面三分线附近

⚲ 当拍摄上半身人像时，通常是将构图的参考依据改为整个头部，即将头部置于上面三分线的附近

用S形构图表现人物的柔美身姿

　　S形线条也被称为美丽的线条，在拍摄女性时，这种构图方法尤其常用，用以表现女性柔美的身材曲线。S形构图中弯曲的线条朝哪一个方向是有讲究的，且弯曲的力度越大，所表现出来的力量也就越大，所以，在人像摄影中，用来表现柔美身姿的S形线条的弯曲程度都不会太大，否则拍摄对象要很用力，从而影响其他部位的表现。

⚲ S形构图通常采用竖画幅形式，在表现女性性感、妩媚的气质时最为常用，因此也被称为美丽的线条

用L形构图表现端庄、典雅人像

在拍摄人物的坐姿时，L形是常用的一种构图形式，这种构图能够使人物显得端庄、典雅，同时又具有变化。它可以形成较稳定的画面，同时也是一种不容易出错的模特腿部摆姿方法。

扫描二维码，跟视频学摄影

↻ 构图形式——L形构图讲解

∩ L形构图可以使拍摄对象感觉比较舒服、放松，画面看起来比较活泼

焦距：135mm　光圈：f/3.2　快门速度：1/250s　感光度：ISO 200

用满画面构图突出人物局部特征

满画面构图就是使人物的局部充满画面，可以很好地突出其局部的特征。通常是对面部或胸部以上的范围进行取景，以"画面别无他物"的形式，来突出人物的表情或眼神等，是一种较容易掌握，但又不是很容易拍出好作品的构图形式。

↻ 满画面构图很有视觉张力，以人物的局部作为表现主体，很容易形成视觉突出的画面效果

焦距：135mm　光圈：f/7.1　快门速度：1/100s　感光度：ISO 100

用斜线构图使模特身材显得更修长

斜线构图具有较强的延展性，使用这种构图方式表现人像，尤其是表现全身像时，有拉长身材的视觉感受，可使身材显得更修长。同时，这种构图方式在视觉上也较为特殊，容易吸引观者的注意，避免了规规矩矩拍照的那种呆板感，使画面看起来比较活泼。

🎧 **构图形式——斜线构图讲解**

🔿 斜线构图使模特的身材显得更修长

焦距：10mm 光圈：f/3.2
快门速度：1/50s 感光度：ISO 400

1.8　人像摄影常用拍摄视角

视角是指相机拍摄位置的高低变化，一般情况下，可将拍摄视角分为平视、仰视和俯视 3 种。

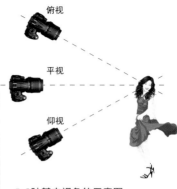

◐ 3种基本视角的示意图

⊃ 以平视角度拍摄模特，其脸部不会产生变形，很具有真实感，利用一些前景可使画面产生空间感

焦距：70mm　光圈：f/2.8
快门速度：1/400s　感光度：ISO 160

利用平视角度拍摄人像真实、自然

以平视角度拍摄人像，很符合人眼的视觉习惯，因此拍出的照片能够给人自然、真实的感觉。通常情况下，摄影师只要站直身体，把相机放在胸部到头部之间位置拍摄，即可获得比较标准的平视拍摄效果。

如果模特相对于摄影师处于较高或较低的位置，摄像师就应该根据模特的高度随时调整相机高度和身体姿势。例如拍摄坐在椅子上的人物时，就应该采用跪姿拍摄，有时可能需要趴下才可以使相机与拍摄对象始终处于同一水平线上。

⊃ 以平视角度拍摄这种坐姿的人像，摄影师往往需要蹲下才可以

焦距：50mm　光圈：f/6.3
快门速度：1/320s　感光度：ISO 100

利用俯视拍摄人像有空间层次与妩媚感

采用俯视角度拍摄人物时，通常是以表现躺姿为主，配合恰当的造型及表情，不仅可使画面有空间感，并能很好地表现拍摄对象的妩媚感。

采用俯视角度拍摄面部特写时，由于透视关系会使面部显得瘦长一些，而使模特看上去更漂亮，眼睛会显得更大，脸变小更显妩媚感，但此时俯视的角度不宜过大。俯视拍摄时模特的身体走向会使画面看起来更有空间层次。

若是以俯视角度拍摄站姿或坐姿人像，人物看起来会比实际情况矮一些，同时看照片的人会对画面中的人物产生居高临下的压迫感，进而削弱了人物的分量，所以要谨慎使用。

⋒ 采用斜下45°俯视拍摄，最能表现女性的面部特点，是最为经典的拍摄女性的角度之一

焦距: 100mm 光圈: f/3.2 快门速度: 1/250s 感光度: ISO 250

⋒ 俯视拍摄减少了地面及远方的取景范围，使人物主体更加突出，配合忧郁的表情以及曲线的摆姿造型，突出了女性柔美、妩媚的气质

焦距: 50mm 光圈: f/8 快门速度: 1/500s 感光度: ISO 200

利用仰视角度拍摄人像使其身材显得修长

仰视拍摄可以使拍摄对象的腿部拉长，身材显得修长、苗条。由于这种拍摄角度不同于传统的视觉习惯，也改变了人眼观察事物的视觉透视关系，给人的感觉很新奇。人物本身的线条均向上汇聚，夸张效果明显。

另外，以仰视角度拍摄，还可以过滤掉地面上的杂物，让画面更显简洁，人物主体更为突出。

↻ 左图画面中人物的造型确实不错，但仰视的角度还不够，背景中杂乱的房子、树木很是碍眼；而右图则是采用更低的仰视角度，将地面的杂物完全过滤掉，只留下白色的汽车和蔚蓝的天空，画面变得纯净了很多

焦距：35mm 光圈：f/5.6 快门速度：1/250s 感光度：ISO 100

1.9 人像摄影常用拍摄方向

对于人物面部的拍摄而言，不同的拍摄角度所表达出来的内涵也不同。

例如脸的朝向、头部的仰视或俯视所表现出来的情调各不相同，一般而言，脸朝向右侧比较合乎人的视觉习惯；而脸朝向左侧则能增加画面的神秘感。

利用正面拍摄出有亲切感的人像

正面拍摄人像，可以完整地表现出人物的面部特征，给人亲切、真实的感觉，多用于正式场合。由于画面中的人像视线与观众的视线相向，因此正面拍摄的人像照片让人感觉正与自己在视觉方面进行沟通。

⊙ 正面的肖像有种庄重感，很适合表现女性典雅、甜美的气质

焦距：200mm 光圈：f/4 快门速度：1/160s 感光度：ISO 100

利用3/4侧面角度拍摄出五官立体的人像

3/4侧面人像可以很好地把脸部线条表现出来，也可使其五官看起来更立体，适合表现脸部线条柔美的女性。由于东方人的五官不够立体，这种角度通常能够使拍摄出来的人像面部更有立体感。

在电视或电影作品中能够经常看到使用这种角度拍摄人物，其原因也是如此。

⊃ 3/4侧面是拍摄人像时常用的角度，可以使模特的脸看起来更有立体感

焦距：54mm 光圈：f/2.8 快门速度：1/800s 感光度：ISO 160

利用全侧面角度拍摄出轮廓分明的人像

全侧面拍摄人物面部有利于表现拍摄对象富于特征的面部轮廓，通常脸部轮廓分明、面部立体感较强的人比较适合用这种角度拍摄。

⊃ 以侧面角度拍摄人像，模特的眼睛看向画外，画面整体更富有意境

焦距: 85mm　光圈: f/5.6　快门速度: 1/400s　感光度: ISO 100

⌒ 拍摄全侧面角度的人像时，要为脸侧向的一面留出空间来，这样画面看起来比较有透气感

焦距: 135mm　光圈: f/2　快门速度: 1/500s　感光度: ISO 100

利用背侧面角度拍摄出温婉的人像

背侧面角度在表现人像时，由于对其面部表达得不完整，常给人以神秘感，让画面更加富有想象空间，适合拍摄需要表现丰富情感内涵的画面。拍摄时可让模特侧转一下身体，使其婀娜的身材看起来更显女性的温婉感。

⊃ 背侧面只能表现一部分面部，会给人一种神秘感，比较适合表现脸部线条比较优美的人物

焦距：135mm 光圈：f/5 快门速度：1/800s 感光度：ISO 100

利用背面角度拍摄出有神秘感的人像

背面的表现在人像摄影中较少使用，因为这种拍摄角度给人强烈的离去与落寞感，因此，如果不是要表现某种特定的情绪，通常不会使用。

另外，背面拍摄的人像照片给人一种神秘感，因为对于人像照片而言，观者的目光在画面中最先寻找的就是模特的面部，而背面拍摄的照片之所以给人神秘的感觉，就是因为看不见模特面部，能够引发强烈的悬念感与猜测。

⊃ 背面拍摄使画面中仅能够表现出模特优美的颈部，整理发髻的动作让观者对其身处的环境、动作的目的产生了好奇心，并引发观者对照片进行更仔细的审视

焦距：50mm 光圈：f/2.5 快门速度：1/320s 感光度：ISO 100

1.10 人像摄影常用景别

利用全景人像展现整体与环境

　　全景人像包含人物整体及一定比例的环境元素，以景物来渲染整体画面气氛。

　　全景人像的拍摄多在户外进行，以展现人物与环境的关系。所以，要注意人物的服装、姿态、神情是否与周围环境协调一致。应根据拍摄要求对环境进行合理取舍，并寻找较好的角度来表现人物形象。

◔ **全景人像可以很好地表现有情节的画面。图中人物的服装与环境很搭配，画面给人很清新的感觉**

焦距：135mm　光圈：f/2.8
快门速度：1/640s　感光度：ISO 200

利用中景人像展现动作姿态与环境

　　中景人像是指拍摄膝盖以上的人物形象，重点表现人物的脸部的同时，手的动作也同样重要。相对于全景而言，中景画面中人物占据的画面比例更大，对人物肢体的表达方式更多，构图也更富有变化，可以借助手或其他肢体的姿势更好地表现动作姿态，而环境的表现也可很好地传达人物所处的周围状况。

⋒ 中景人像可以表现部分环境和模特。浪漫的秋千不仅衬托得白纱女孩更加清纯，还可以起到美化画面的作用

焦距：200mm　光圈：f/2.8　快门速度：1/400s　感光度：ISO 100

利用中近景人像表现神态并渲染画面气氛

　　中近景主要用于表现人物腰部以上的部位。由于画面的焦点会集中在模特的面部，因此可以很好地表现人物的神态，以及渲染、强化画面气氛。

　　另外，如果模特下半身的身材不够理想，也可以使用中近景来避免使模特身材的缺陷暴露出来。

扫描二维码，跟视频学摄影

⟳ 摄影学习理论——营造视觉焦点的技巧

⟲ 中近景的画面可着重表现模特头部与身体的姿势。画面中的人物显得惬意又放松

焦距：70mm　光圈：f/2.8　快门速度：1/125s　感光度：ISO 200

利用近景人像展现头部姿态与面部表情

近景在人像摄影中是指人物胸部以上的部分，主要用于表现人物神态、表情，尤其在以面部为主拍摄时，可展现出人物丰富的情感。

在使用近景拍摄人像时，要注意对人物神态的刻画，如头部姿势、面部表情等，这些细微性的动作都是体现人物内心世界的关键。

⌒ 近景人像可以很好地表现人物的面部表情

焦距：58mm 光圈：f/2.8 快门速度：1/640s 感光度：ISO 100

利用特写人像刻画局部细节

特写人像是指近距离拍摄模特的局部细节，如面部、手、腿、腰、背等，其中以表现人物的面部特写最为常见 。

由于模特的面部占据画面的整个部分或大部分，因此能够给人很强的视觉冲击力。当然，这对于模特与摄影师的要求也相应提高了。

拍摄特写人像时，必须对拍摄角度、光线等有很好的把握。

另外，如果不是刻意表现的话，要尽量避免将模特的面部缺陷暴露出来，而应该找出模特最美的一面进行表现。

⌒ 局部特写的画面能给人很强的视觉冲击力，被摄的部分显得很醒目

焦距：100mm 光圈：f/2.8
快门速度：1/400s 感光度：ISO 400

1.11 浅景深人像拍摄技巧

景深是指画面中拍摄对象周围的清晰范围。通常将清晰范围大的称为大景深，清晰范围小的称为小景深。人像摄影中以小景深最为常见，小景深能够更好地突出主体、刻画人物神态。

使用大光圈拍摄浅景深人像

光圈越大，光圈数值越小（如 f/1.8、f/2.2 等），景深越小；光圈越小，光圈数值越大（如 f/18、f/22 等），景深越大。要想获得浅景深的人像照片，首先应考虑使用大光圈进行拍摄。相对于其他获得浅景深的方法，使用大光圈得到的虚化效果更为柔美、圆润。

◐ 大光圈在人像摄影中常用到，可以虚化杂乱的环境，使模特在画面中显得更加突出

焦距: 100mm 光圈: f/2 快门速度: 1/320s 感光度: ISO 200

使用长焦镜头拍摄浅景深人像

镜头的焦距越长（如 180mm、200mm 等），景深越小；镜头的焦距越短（如 18mm、35mm 等），景深越大。根据这个规律，在拍摄人像时就可以使用长焦镜头来获得较小的景深。而长焦镜头搭配大光圈的使用，其虚化效果会更好，例如使用 70-200mm f/2.8 镜头时，使用 200mm 焦距搭配 f/2.8 的大光圈，拍摄出的背景虚化效果将如奶油般圆润。

◐ 长焦镜头不仅可以拉近拍摄，配合大光圈还可以得到浅景深的画面，使模特更显突出

焦距: 200mm 光圈: f/2.8 快门速度: 1/1250s 感光度: ISO 200

通过靠近模特获得浅景深

想要获得浅景深的背景虚化效果，最简单的方法就是在模特和背景距离保持不变的情况下，让相机靠近模特，这样可以轻易获得浅景深的效果，让人物较突出，让背景得到很自然的虚化效果。

当然，这样做的代价就是需要缩小取景范围并重新考虑构图，因此应该根据个人的拍摄需求选用。

⌒ 模特与相机的距离较远，所拍摄画面的背景虚化效果不明显

⌒ 相机靠近模特，浅景深的效果明显，虚实的对比使模特在画面中显得很突出

焦距: 125mm　光圈: f/3.2　快门速度: 1/800s　感光度: ISO 200

安排模特远离背景获得浅景深效果

在其他因素不变的情况下，改变人物主体与背景之间的距离，也可以实现控制景深的目的，即背景离人物越远，景深就越浅。

⌒ 模特离背景很近，背景很清晰，浅景深的效果不明显

⌒ 模特离背景越远，背景越模糊，浅景深的画面效果越明显

焦距: 85mm　光圈: f/2.8　快门速度: 1/500s　感光度: ISO 200

1.12 人像摄影影调应用

影调是指画面所表现出的明暗层次，是烘托气氛、反映创作意图的重要手段。根据画面的明暗分布可以将影调分为中间调、高调、低调三种形式。

运用中间调表现真实感强的人像

中间调人像的画面中可以包含深的或浅的影调，其构成特点是画面整体没有浅亮和深暗的倾向，在视觉感受上也没有轻快和凝重的感觉。中间调虽然在色调上没有强烈的艺术感染力，但对各种题材、内容的表现上较自由，且画面立体感较强，一般情况下所拍摄的人像照片都属于这种影调，画面看起来会比较有真实感。

运用高调表现干净明朗的人像

高调人像的影调以亮调为主，暗调所占比例非常小，一般来说，白色占整个画面的70%以上。高调照片能给人淡雅、纯净、轻快、洁静、优美、明快、清秀等感觉，常用于表现儿童、少女、医生等对象，可以很好地表现出干净、明朗的人像。

⌒ 中间调的人像最具真实感，和我们日常生活中眼睛看到的效果差不多

焦距：100mm 光圈：f/2.8 快门速度：1/800s 感光度：ISO 125

在拍摄时，可先使用光圈优先模式对模特进行测光，然后再切换至手动模式降低快门速度以提高画面的曝光量，当然，也可以根据实际情况，在光圈优先模式下适当增加曝光补偿的数值来提亮整个画面。

⌒ 除了部分白色以外，更多的颜色是介于白色与中间色之间，这也是高调照片中比较典型的表现形式。其优点是能够更好地保留图像细节，但不易控制，稍不小心就可能由于曝光过度而失败，因此通常会使用后期软件进行细化处理。同时，更要注意处理好画布的暗调，使照片不会显得对比度失衡

焦距：85mm 光圈：f/4
快门速度：1/500s
感光度：ISO 200

运用低调表现深沉有力的人像

与高调人像相反，低调人像的影调构成以暗调为主，画面中的亮部所占比例很小。对于黑白低调人像，画面组成应以黑、深灰、中灰影调为主；而彩色低调人像则以黑色、明度低的深色和中等明度的颜色为主，因此，很适合表现深沉有力的人像。

在拍摄低调人像时，如以逆光的方式拍摄，应该对背景的高光位置进行测光；如果是侧光或顺光拍摄，通常是以黑色或深色作为背景，然后对模特身体上的高光部分进行测光，该区域以中等亮度或者更暗的影调表现出来，而原来的中间调或阴影部分则再现为暗调。

○ 在室内或影棚中拍摄低调人像时，根据要表现的内容布置灯光，通常布置1～2盏灯，比如正面光通常用于表现深沉、稳重的人像，侧光常用于突出人物的线条，而逆光则常用于表现人物的形体造型或头发（即发丝光），此时，模特宜穿着深色的服装，以与整体的影调相协调

焦距：50mm　光圈：f/4　快门速度：1/250s　感光度：ISO 200

○ 夕阳剪影是最常见的低调人像照片，光源当然就是背景中的夕阳，宁静宽阔的背景、沉稳的影调及暖暖的色调，很适合表现和谐、温馨的画面。在拍摄时，可使用点测光模式对背景中的灯光或天空中最亮的部分测光并锁定曝光，然后再重新对焦拍摄，如果对得到的画面效果不满意，还可以适当降低曝光补偿

焦距：135mm　光圈：f/5.6　快门速度：1/250s　感光度：ISO 200

1.13 人像摄影色彩应用

色彩学把色调分为冷色调、暖色调以及两者之间的中间色调。在7种基本的色彩中，红、橙、黄3种颜色属于暖色调；蓝、青两种颜色属于冷色调；绿和紫则属于中间色调。

如果照片是以红、黄色为主，那么该照片就可以称为暖色照片，如果是不同色调的颜色混合在一起使用，还可以通过对比来起到突出主体的作用。

不同的色调对表现作品的主题有着极为显著的差别，下面就来分别讲解人像摄影中各类色调的运用技巧。

运用暖色调表现人像的温馨感

以红、黄两种颜色为代表的暖色调，可以在拍摄的人像照片中表现出温馨、热情以及喜庆等不同的情感。

在拍摄前期，可以根据需要选择合适颜色的服装，像红色、橙色的衣服都可以得到暖色调的效果，同时，拍摄环境及光照对色调也有很大的影响，应注意选择和搭配。例如，在太阳落山前的两小时左右这个时间段中，可以获得不同程度的暖色光线。

如果是在室内拍摄暖色调人像，可以利用红色或黄色的灯光来进行暖色调设计。当然，除了在拍摄过程中进行一定的设计外，还可以通过后期软件的处理来得到想要的效果。

黄色的视觉感受非常鲜明，可以营造出明快、开朗、温暖的视觉效果。

黄色的亮度比较高，总能从各种颜色中跳跃出来，以显示它的存在，用黄色来表现人物主体，能够使照片显得更加夺目。

除了人物的衣着和光线外，完全借助场景中的黄色元素也可以拍摄得到视觉效果极佳的暖色调人像照片。

要得到暖色调的人像，除了利用环境、着装及自然光线等因素外，也可以人为地干涉光线，比如在镜头前面增加红、黄或橙等彩色滤镜，或在使用闪光灯的情况下，加装黄色的滤色片，或贴上带有暖色的纸等，都可以起到为照片补充暖色的作用。

红色形成的暖色调画面给人很热情的感觉

焦距: 110mm 光圈: f/4.5
快门速度: 1/250s 感光度: ISO 400

这幅照片是让人物趴在秋天落满黄色树叶的地上拍摄的，红色的衣服搭配黄色的树叶，在色彩和视觉上都非常协调

焦距: 150mm 光圈: f/2.8
快门速度: 1/640s 感光度: ISO 200

若拍摄环境不是想要的暖色调，可以在镜头前加装暖色滤镜来得到暖色调人像画面

焦距: 185mm 光圈: f/2.8
快门速度: 1/400s 感光度: ISO 100

43

运用冷色调表现人像的清爽感

以蓝、青两种颜色为代表的冷色调，在拍摄人像时可以表现出冷酷、沉稳、安静以及清爽等不同的情感。

与人为影响照片的暖色调一样，我们也可以通过在镜头前面加装冷色滤镜，或在闪光灯上加装蓝、青等冷色滤光片等方法，为画面增加冷色调。

⊃ 绿草地上身着绿色衣服的女孩，将其青春靓丽的特质表现得恰到好处

焦距：90mm 光圈：f/2.8 快门速度：1/1000s 感光度：ISO 100

⋒ 模特的衣服是浅蓝色，石头也呈现浅蓝色，整个画面呈现淡淡的冷色调而显得格外宁静

焦距：100mm 光圈：f/3.2 快门速度：1/250s 感光度：ISO 160

运用中间色调表现人像的自然美

既不明显偏冷也不明显偏暖的颜色为中间色调，表现人像时会有种自然、舒服的美感。如绿色和紫色没有明显的冷暖含义，前者被称为生命之色，其不同变化能够表现出不同的视觉感受，例如黄绿、嫩绿、淡绿象征着春天以及人或植物的稚嫩、青春与旺盛的生命力，而艳绿、盛绿、浓绿象征着夏天和植物的茂盛、健壮与成熟，这些颜色都非常适合拍摄儿童、女孩等，以表现其可爱、自然、美好的特质。

墨绿、灰绿、褐绿、褐色等消色的饱和度较低，意味着秋冬以及人、植物的成熟和衰老，适合表现一些主题较为稳重的照片。

紫色是中间调中比较重要的一种颜色，与不同的影调搭配时，能够给人以不同的心理感受，可以用于表现不同的人物对象。

⊃ 紫色与低调影调搭配在一起，非常适合表现女性的性感和妩媚，配合模特的表情和肢体造型，还能表现出神秘、优雅的气质

焦距：85mm 光圈：f/4 快门速度：1/250s 感光度：ISO 200

⋒ 透露着浅粉色的褐色画面，表现出了女性柔美和忧郁的气质

焦距：100mm 光圈：f/2 快门速度：1/320s 感光度：ISO 250

运用对比色更好地突出人像

在人像摄影作品中，如果对比的色彩在同一个画面中出现，会产生一种强烈的色彩效果，给人留下深刻的印象。拍摄时可以利用颜色的对比来突出拍摄对象。

常见的对比色有红色与绿色，蓝色与黄色等。

○ 红色和绿色组成的对比色，使身穿红裙的模特在画面中显得很突出

焦距：100mm　光圈：f/3.5　快门速度：1/100s　感光度：ISO 400

运用邻近色营造和谐氛围的人像

邻近色是指在色环上相近的颜色，由于位置接近，色相、明度等属性比较接近，因而放置在一起时，会使画面的色彩层次看起来很丰富，画面整体感强，视觉上也很和谐。

虽然这种组合的颜色缺乏强烈的对比效果，但会营造出和谐、安宁的画面气氛，让人感觉很舒服。例如，红色与黄色、绿色与黄色、绿色与蓝色等都是和谐的色彩。

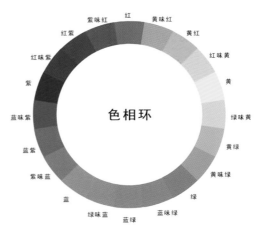

色相环

○ 在上面这个色相环中，相近的即为邻近色，如黄与红；相对的即为对比色，如黄与蓝

○ 在一片粉色的花海里，身着红色衣服的女孩面色也很粉嫩，整个画面显得很协调

焦距：200mm　光圈：f/3.5　快门速度：1/500s　感光度：ISO 200

1.14 人像摄影常用道具

在拍摄前期，最好先确定拍摄主题，并选择适当的道具与人物搭配，以强化主题，突出画面的美感或氛围，这也是人像摄影的常用方法。例如，拍摄古典气质的女孩时，可以选择书、扇子、纸伞等道具；拍摄气质偏狂野的女孩时，可以选择摩托车、机车帽等道具。从功用角度区分，常用的人像摄影道具主要分为3种：主题性道具、掩饰性道具和辅助性道具。

◔ 借助道具不仅可以强调画面气氛，也可以使模特放松，快速进入拍摄状态中，画面中以书作为道具很好地突出了女孩的书卷气

焦距：85mm　光圈：f/2.8
快门速度：1/250s
感光度：ISO 100

主题性道具

在选定了拍摄的主题后，在进行人像拍摄创作时，如果拍摄道具与拍摄主题密切相关，甚至它即是拍摄主题，则这种道具被称为主题性道具。

常见的主题性道具有两种。一种是具有广告意味的人像创作，在画面中人物是配角，是衬托道具的美感和用途的，常用于给厂家的产品做广告。拍摄时，切不可喧宾夺主，影响了道具的拍摄主体地位。

另一种主题性道具的应用是借助道具的美感和风格，来创作一组以人物和此道具为风格的人像写真。在这种与道具相结合的拍摄创作中，道具是陪体，起到画龙点睛的作用，用来辅助主体人物，使其表现得更完美。

⋂ 以自行车作为道具强调了女孩阳光、运动的气质，画面看起来充满了青春活力

焦距：50mm 光圈：f/1.8 快门速度：1/125s 感光度：ISO 100

⋂ 美女虽然是车展上亮眼的风景，但豪华的汽车也是人们喜爱的部分

焦距：70mm 光圈：f/8 快门速度：1/125s 感光度：ISO 1000

掩饰性道具

掩饰性道具在画面中可起到遮掩的作用。它既可以遮掩主体人物，也可以遮掩拍摄环境中的某个特定元素，得到戏剧性的画面效果。

通常，掩饰性道具的应用大多数是为了掩盖画面中某些难以避免的瑕疵，如防止服饰穿帮、遮掩模特皮肤上的胎记或伤痕等。掩饰性道具与拍摄主题关系比较弱，在拍摄时要将这种遮掩处理得不留痕迹。在少数的情况下，模特利用遮掩性道具遮掩自己并不是为了掩饰缺陷，而是为了表现羞涩、俏皮等特定的情绪，这也是掩饰性道具的常见用法。

⋂ 面具遮挡给人以神秘的感觉

焦距：200mm 光圈：f/2.8
快门速度：1/125s 感光度：ISO 100

⋂ 利用荷花遮挡前景杂物，使得画面既简洁又美观

焦距：180mm 光圈：f/3.2 快门速度：1/500s 感光度：ISO 100

⋂ 利用枝叶构成框式构图，不但可聚集观者视线，还可遮挡部分杂乱的环境，画面中鲜艳的红花与女孩俏皮的气质很相符

焦距：200mm 光圈：f/3.2 快门速度：1/1250s 感光度：ISO 200

辅助性道具

　　辅助性道具是指可以烘托画面气氛、营造画面氛围、衬托人物性格的道具。通常，辅助性道具在画面中并不明显，不会成为画面的焦点。合理地使用辅助性道具可以恰当地为画面增添美感和气氛。在拍摄时，要充分考虑辅助性道具在画面中的位置，以及与人物之间的呼应关系。

　　辅助性道具可以分为很多种类，生活中到处都可以找到可以用来做道具的东西，比如帽子、眼镜、丝巾、窗帘等。只要具有善于发现的眼睛及富于创意的思想，就可以拍摄出不一样的摄影作品。

○ 以口红为漂亮女孩的道具，使得画面看起来很生活化

焦距：28mm　光圈：f/2.5　快门速度：1/180s　感光度：ISO 250

◐ 以可爱的狗狗为道具，清新的画面尽显女孩的柔情与爱心

焦距：105mm　光圈：f/2.8　快门速度：1/400s　感光度：ISO 100

CHAPTER 2

户外人像摄影
技法28例

2.1 户外人像摄影用光技巧

外景人像是人像摄影中最常见同时也最难把握的题材之一，外景光线多且杂乱，还会不断变化，对其亮度、方向等不能直接进行控制，因此在拍摄过程中，就要充分掌握并发挥其照明特点，扬长避短，为我所用，从而拍摄出漂亮的人像摄影作品。

避开直射光照射拍摄人像

在直射阳光下拍摄时，刺眼的光线照射常常会导致模特眯眼、皱眉，影响画面的美感。

在拍摄时可以让模特避开这种光线，例如让模特将视线移向其他位置，或转个身以改变照射在人物身上的光线角度，也可以使用帽子、遮阳伞等道具遮挡，都可以很好地解决阳光直射的问题。

除了上面列出的方法外，在日光照射角度较为低斜的时段拍摄时，摄影师还可以巧妙地利用此时的光线特点，让光线从模特侧面照射过来，不仅避开了直射光对模特眼睛的干扰，而且强烈的光线还会为模特的受光面（尤其是头发）镀上一层亮边，在增加画面感染力的同时，还可以勾勒出模特姣好的体态轮廓。

需要注意的是，拍摄时建议在背光面进行适当的补光，以避免较大光比给画面带来过于深暗的阴影，影响画面的影调。

⚪ 强烈的阳光照射在模特身上，只要略低下头，并且为面部补光就可以获得不错的画面效果

焦距：173mm 光圈：f/3.5 快门速度：1/400s 感光度：ISO 200

⤷ 逆光拍摄也是避开强烈光线的好方法，选择深色背景可使轮廓光更加强烈

焦距：135mm 光圈：f/2 快门速度：1/800s 感光度：ISO 400

使用反光板为人像暗部补光

　　在拍摄人像时，为了获得均匀、小光比的光照效果，通常会采用反光板为暗部进行补光。当反光板接收太阳的光线后，再将其反射到拍摄对象的背光面，就能够柔化直射光对模特面部的强烈照射，获得柔和的人像画面效果。

⊃ 当面部光线不足时，可利用反光板对模特面部进行补光

焦距: 150mm　光圈: f/3.5　快门速度: 1/500s　感光度: ISO 125

　　反光板的类型较多，面积大的反光板其直径能超过2米，小的也有1米，可以将其折叠放在小包中，因此出行携带较为方便。

　　反光板可以一板多用，它有金、银、黑、白4种颜色的表面，因此可以反射出不同的光线。值得一提的是黑色表面的反光板，也被称为减光板或吸光板，可以减少某个方向上的光线照射强度。

⊃ 强烈的顶光照射搭配反光器材的使用，在暗背景的衬托下形成很强烈的光线效果。为了使模特的面部不会太暗，从下方对其面部进行了补光

焦距: 180mm　光圈: f/3.5　快门速度: 1/320s　感光度: ISO 200

利用顺光不易在脸部留下阴影

　　顺光是指照射方向与镜头拍摄方向相同的一种光线，其特点是不易形成明显的明暗对比，用来拍摄人像时，不会在面部留下难看的阴影，很适合用来表现女孩白皙的皮肤。

　　要注意的是，顺光拍摄人物的立体感较差，画面整体显得比较平淡。

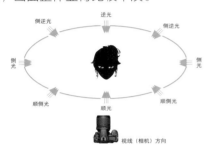

⮂ 以内置闪光灯从正面照射，形成典型的顺光拍摄，人物身上的阴影较少，立体感不强

焦距: 135mm　光圈: f/4　快门速度: 1/125s　感光度: ISO 200

利用侧光可使五官更有立体感

　　侧光是指照射方向与镜头拍摄方向基本一致，但存在90°夹角的光线，若这个夹角小于90°，则称为前侧光。

　　侧光能产生明显的阴影面，可得到较强的造型效果及立体感，在人像摄影中，常采用前侧光突出其五官的立体感。

扫描二维码，跟视频学摄影

⮂ 摄影学习理论——糖水片的是是非非

⮂ 侧光拍摄时，由于能够产生明显的阴影面，模特的五官看起来很有立体感

焦距: 50mm　光圈: f/1.8　快门速度: 1/1000s　感光度: ISO 400

利用逆光为身体赋予轮廓感

逆光是指照射方向与镜头拍摄方向相反的一种光线，若光线照射方向与镜头拍摄方向存在一定的角度，则称为侧逆光。

使用逆光拍摄人像，通常会获得两种效果的画面，其一，当逆光被作为主要光源时，会获得形式美感强烈的深暗剪影效果，此时可以采用评价/矩阵测光模式，对画面整体进行测光，并适当降低0.3~1挡的曝光补偿，使剪影效果更为纯粹。

⊃ 利用逆光产生的明暗反差，对准较亮的天空测光，可将拍摄对象处理成剪影的形式，选择比较有代表性的角度或动作进行表现

焦距: 24mm 光圈: f/10 快门速度: 1/1250s 感光度: ISO 200

其二，当逆光被作为次要光源时，通常是以轮廓光的形式出现，会在拍摄对象身上勾勒出较为清晰的轮廓线条，以增加画面的艺术美感，营造画面气氛。但要注意的是，此时人物的大部分会处在阴影之中，最好能够采用反光板或闪光灯，对正面进行补光，以获得均匀、自然的曝光结果；反之，若无法补光，则要注意使用点测光模式，对人物的面部进行测光，以获得正确的曝光结果。

⊃ 逆光照射下，人物的裙子和头发呈现为漂亮的透明感，为避免人物背面过暗，需要使用反光板为其补光

焦距: 48mm 光圈: f/2.8 快门速度: 1/125s 感光度: ISO 320

利用反射光拍摄有趣的画面

反射光摄影又称为反光摄影，是利用水面、镜子或光滑的金属表面等介质的反射特性来重新构图、美化画面、表现主题、增强作品的表现力的一种摄影手法。无论是使用水面还是镜面，都会得到与主体对称的倒影，而如果拍摄不平坦的金属表面倒影，则能够得到夸张、变形的有趣画面。

○ 从女孩的背面拍摄其镜中的眼睛，这样的画面不仅视角新鲜，也很好地表现了女孩漂亮的眼睛

焦距: 85mm
光圈: f/18
快门速度: 1/640s
感光度: ISO100

从某种意义上来说，反射光摄影扩大了拍摄的题材范围，各种反光体反射出来的各式各样的影像，既有情趣，又具表现力。如果在拍摄时扩大关注点并放飞想象力，会发现除了湖水、玻璃镜面等常见的反光体，利用路边的小水洼、手中的化妆镜也能够拍摄出不错的反射画面。

○ 将水面上恋人的倒影也纳入画面中，更为画面增添了浪漫的氛围

焦距: 135mm　光圈: f/3.4　快门速度: 1/1250s　感光度: ISO 100

利用斑驳的光影拍摄有年代感的照片

在树荫下拍摄很容易会出现斑驳的树影，一般情况下，我们会选择避开这些影子，因为斑驳的树影如果正好在人物脸上的话，不但影响画面效果，还会破坏人物形象。

合理利用这些影子则会出现不同的效果。光线透过柱子、树叶留下的阴影和斑斑光点，极易形成非常具有年代感的画面，且这些斑驳的影子还可以增强现场感，使画面更和谐、自然。拍摄时只需注意引导模特脸部避开影子即可。

此外，为了给画面营造古老沧桑的感觉，还可以通过改变白平衡设置，使画面呈现微微泛黄的暖色调。

扫描二维码，跟视频学摄影

⌒ 摄影学习理论—— 多拍才能从量变到质变

⋒ 光线透过长廊的柱子在地上留下斑驳的光影，使得画面看起来有种怀旧的气氛

焦距：135mm 光圈：f/3.5 快门速度：1/125s 感光度：ISO 100

⋒ 身穿旗袍的少女走在石板路上，背景为被斑驳树影渲染的陈旧建筑，昏黄的色调使观者仿佛穿越了时光

焦距：50mm 光圈：f/5.6 快门速度：1/320s 感光度：ISO 100

根据不同时段光线的特点拍摄人像

对于普通摄影爱好者来说，拍摄人像主要是在自然光环境下，因此了解和掌握各时段、天气时自然光的特点，有利于拍出优秀的人像摄影作品。

一天当中，通常以日出后至上午 10 点之前，以及下午 4 点以后至日落前这两个时段的光线最适合拍摄，因为此时的光线较为柔和，无论是上午偏冷调的光线，还是下午偏暖调的光线，都能给人愉悦的视觉感受。

这两个时段的阳光照射角度很适合拍摄人像，可以通过改变拍摄角度以及让模特转身等方式，来选择使用顺光、侧光或逆光拍摄，从而表现出不同的画面效果。

在日出前或日落后，环境中仍然有一定的光线，在不考虑使用外部光源补光的情况下，通常是以逆光或侧逆光的剪影形式进行表现。

在拍摄人像时，尽量不要在中午强烈的直射光下拍摄，以免画面的光比过大，不利于人物皮肤的表现及画面曝光的控制。

◖ 上午的光线比较柔和，而且色调偏冷，配合场景与模特的表情，整个画面给人一种清爽的感觉

焦距: 30mm　光圈: f/8　快门速度: 1/200s　感光度: ISO 100

◖ 利用下午时偏暖调的光线，营造出一派温暖、温馨的气氛

焦距: 135mm　光圈: f/3.2　快门速度: 1/125s　感光度: ISO 100

2.2   室内窗户光的运用

窗外光线是一种很常见的光线，利用在人像摄影中，也是非常容易拍摄出自然性和现场感极佳的光线。窗外光线更柔和，相比人工影棚光要来得朴实、自然，更贴近现实。更重要的一点是，窗外光随时可取，信手拈来，还不受天气的影响，即使雨雪天气同样可以拍摄，反而更随心。

⏻ 由于室内光线较暗，选择了在窗前拍摄，借助于窗户光得到明亮的画面效果

焦距: 135mm   光圈: f/3.2   快门速度: 1/250s   感光度: ISO 100

利用窗帘改变窗外光线通光量

众所周知，太阳东升西落，早中晚的光线各有不同，表现的效果也不同，在室内拍摄时，也需考虑到光线的强弱、方向的变化问题。

部或暗部缺少细节等问题。这时候可以通过窗帘的打开程度来控制窗外光线进入的多少，还可以形成独特的光线效果，增加画面的视觉吸引力。

例如中午光线最强烈的时候，如果仍在窗边拍摄，很容易会造成曝光过度，亮

⏻ 利用窗户外照进来的光，形成聚光灯的效果，很好地突出了窗边甜蜜的恋人

焦距: 45mm   光圈: f/8   快门速度: 1/320s
感光度: ISO 100

改变拍摄方向控制光线效果

　　窗外光线的方向性是令人挠头的问题。我们无法改变窗外光线的方向，因此必须通过改变拍摄角度、控制光线进入的通光量和辅助光源补光的配合使用，来完成窗外光线的拍摄。

　　例如引导模特正面对向窗户，从外面拍摄就会出现顺光效果，而侧面对向窗户，就会出现侧光效果，依此类推，想要拍摄逆光效果，可以从室内拍摄，模特背向窗户。但需要注意考虑室外光源的方向，根据需要的光线效果来改变拍摄方向。

⚓ 拍摄窗边的模特时，由于光照方向是固定的，指引模特朝向不同的方向可拍出不同效果的画面

焦距: 75mm　光圈: f/2.8　快门速度: 1/200s　感光度: ISO 320　　　　焦距: 70mm　光圈: f/2.8　快门速度: 1/200s　感光度: ISO 100

利用窗帘为光线做柔化效果

　　像柔美的纱帘、细腻的丝绸帘等通光效果良好的窗帘都可以作为"柔光罩"为光线做柔化。当光线强烈或较强烈时，将窗帘拉上，光线透过窗帘照进屋内会柔化许多，此时窗帘仿佛就是一个天然的柔光罩。这种方法不但可以增加画面气氛，还可以使人物皮肤显得更细腻。值得注意的是，通光量不强的窗帘不适宜用此方法拍摄。

⤵ 如果拍摄时窗外是比较强烈的光线，可拉上纱质的窗帘使透过来的光线变柔和，得到柔和的画面效果

焦距: 70mm　光圈: f/3.5　快门速度: 1/200s　感光度: ISO 400

2.3 特殊光线环境人像拍摄技巧

阴天光线下拍摄气质温婉的女性

阴天环境下的光线比较暗，导致拍出的人物缺乏立体感，这也是让很多摄影爱好者望而却步的主要原因。但从另一个角度来看，阴天环境下的光线非常柔和，一些在正常光线环境中会产生强烈反差的景物，其色彩及影调在阴天环境中反而会变得丰富许多。

对于人像摄影，尤其是拍女生来说，阴天可以算是一个理想的拍摄天气。阳光在传播的过程中发生了散射，导致光线不像强光时那么强烈和生硬，而变得温婉、柔和，在这种光线下拍摄的人像皮肤多呈现出细腻而柔和的质感。

阴影处反射的光线和阴天的光线虽然都拥有柔和的特性，但是阴天的光线更加明亮，同时，由于反射光量要远比阴影处的光量多，也更加柔和，所以阴天的光线也

◐ 我们可以将阴天视为阳光下的阴影区域，只不过环境要更暗一些，但配合一些解决措施还是能够拍出好照片的，也不必担心强烈的阳光会造成曝光过度，而且不需要再使用反光板为模特补光了

焦距：155mm   光圈：f/3.2   快门速度：1/160s   感光度：ISO 200

倍受人像摄影师的喜爱。

◐ 散射光很适合拍摄女孩，能表现出女孩温婉的气质

焦距：55mm   光圈：f/4   快门速度：1/400s   感光度：ISO 800

阴天拍摄人像的曝光原则

阴天时光线较暗,在不开闪光灯的情况下,当将光圈开至最大时,快门速度仍然达不到安全快门速度,此时可以通过以下几种方法来保证画面清晰。

- 使用三脚架保持相机的稳定。
- 适当调高ISO感光度数值。现在的一些数码相机,在ISO 400或ISO 800的情况下仍然能够获得较高画质,当然,如果条件允许,最好使用ISO 200及其以下的设置。
- 如果镜头支持的话,可以打开防抖功能。

如要使用内置闪光灯进行补光,光线有时会很生硬,因此最好不要直接进行闪光,可以通过使用白色的柔光罩,或在闪光灯前面增加白色的薄纸来使闪光灯产生的光线变得柔和一些。

如果配有外置闪光灯,可以将闪光模式设置为手动,并设置适当的闪光强度。在不同的环境中,补光的强度也不尽相同,读者可以尝试多拍摄几张,以便找到合适的曝光参数。或者根据光线的反射原理,将外闪打向反光板,由反光板将光线反射到模特的身体上。

值得一提的是,在拍摄时,如果实在无法准确设置曝光参数,那么宁可让照片略微曝光不足,也不要曝光过度。因为阴天时光线的对比不是很强烈,略微曝光不足不会出现"死黑"的情况,我们可以通过后期处理进行恢复(会产生噪点);而如果是曝光过度,在层次本来就不是很丰富的情况下,可能会出现完全的"死白"区域,这种情况无法通过后期处理进行恢复。

⚲ 在闪光灯前加装柔光罩后,拍摄出来的画面感觉很柔和

焦距: 100mm 光圈: f/3.5 快门速度: 1/320s 感光度: ISO 100

阴天拍摄人像增加曝光补偿可提亮肤色

在阴天拍摄人像时，无论是否打开闪光灯，都可以尝试增加曝光补偿，增加照片的曝光量，还可以提亮拍摄对象的肤色。在没把握使用闪光灯进行补光的情况下，曝光补偿可以说是阴天拍摄人像时的一大法宝。

⊃ 没有增加曝光补偿拍摄的照片，画面显得有些暗，人物的皮肤也显黑，不能很好地表现其皮肤质感

焦距: 50mm 光圈: f/8
快门速度: 1/200s
感光度: ISO 200

⊃ 增加1挡曝光补偿后拍摄的照片，画面明显明亮起来，人物皮肤也显得更加白皙

焦距: 50mm 光圈: f/2.8 快门速度: 1/500s 感光度: ISO 200

阴天拍摄人像调节白平衡纠正肤色

数码相机提供了非常丰富的白平衡模式，在阴天环境中，为了保证人像照片获得正确的色彩还原，可以选择阴天白平衡模式，以纠正拍摄对象的肤色。

⊃ 阴天拍摄人像容易使画面偏冷，因此使用阴天白平衡模式，可使人物面部色彩得到准确还原

焦距: 70mm 光圈: f/3.2 快门速度: 1/250s 感光度: ISO 160

阴天拍摄人像应以恰当构图避免瑕疵

阴天时的天空通常比较昏暗、平淡，很难拍出层次感，因此在构图时，应注意尽量避开天空，以免拍出一片灰暗的图像或曝光过度的纯白图像，影响画面的质量。

◑ 在拍摄第一张照片时，由于地面与天空的明暗差距有点大，画面中天空的部分苍白一片，因此在拍摄第二张时我们提高了拍摄角度，避开了天空，得到整体层次细腻的画面

焦距：135mm 光圈：f/2.5 快门速度：1/400s 感光度：ISO 100

阴天拍摄人像巧妙安排模特着装与拍摄场景

阴天时环境比较灰暗，因此最好让模特穿上色彩比较鲜艳的衣服，而且在拍摄时，还应选择相对较暗的背景，这样会使模特的皮肤显得更白嫩一些。

◔ 在阴天拍摄时，选择了较艳丽的拍摄环境，使得画面看起来不至于很沉闷，暗调的背景衬托着女孩的皮肤很白皙

焦距：135mm 光圈：f/3.2
快门速度：1/100s 感光度：ISO 400

晴天光线较强时的拍摄技巧

在光线较强时拍摄人像，会很容易出现强烈的反差及浓重的阴影，甚至是曝光过度的现象。所以很多人都不喜欢选择在强光下拍摄人像。但这不代表在强光时不能拍出好作品。

在强光下拍摄时，可以使用帽子、雨伞等道具，不但可以对强光进行遮挡，合理安排还可以作为道具，衬托主体、美化画面。

如果光线十分强烈，建议寻找凉亭、树荫等有阴影的地方拍摄，即可避免强光的照射。在强光照射下，阴影中的漫射光也会非常充足，同样可以拍摄到很好的人像照片。拍摄时，可适当增加0.3~1挡的曝光补偿。

但在树荫下拍摄时需要注意避免树荫下斑驳的光线，这是因为当强烈的阳光被树荫打散开，照射在人物主体身上，会产生不均匀的一块亮、一块暗的效果，此时可以通过改变主体位置或引导模特转头等方式，避开这些斑驳的光线。

如果碰到"蓝蓝的天上白云飘"的天气，可以拍摄出有别样味道的照片。使用广角镜头，进行小光圈、大景深的拍摄时，

应使用反光板为人物补光，以免留下浓重的阴影，影响画面表现。有些喜欢拍摄商业片的摄影爱好者很喜欢在这种天气中拍摄，拍摄出的画面会有一种大气、宽阔的感觉。

🎧 如果是戴有网眼的草帽，可选择合适的角度使其投影在脸上形成好看的光斑

焦距: 35mm　光圈: f/7.1　快门速度: 1/200s　感光度: ISO 100

⤴ 如果在户外拍摄时光线较强，可使用反光板在其背光的一面进行补光，缩小明暗差距，使得模特肤质看起来很细腻

焦距: 135mm
光圈: f/2.5
快门速度: 1/1000s
感光度: ISO 100

午后强光下拍摄没有阴影的人像

午后的强光是很多摄影师最为厌恶的光线环境，主要原因就是在强烈的阳光照射下，画面容易形成明显的明暗对比，很难把握好曝光。为了拍摄到没有阴影的人像比较常见的解决方法就是在背阴的地方进行拍摄。如果一定要在阳光下取景，可以将阳光彻底遮住，避免强光照射到拍摄对象。

⊃ 如果有条件的话，可以使用白色反光板，这样可以让光线透过反光板，对模特进行一定的补光，避免照射模特的光线被完全挡住，使其看起来太暗，与背景严重不协调

另一种方法，为了避免模特面向阳光时睁不开眼，可以让模特背面或侧面对着阳光，即采用逆光或侧逆光的方式进行拍摄，然后使用反光板对模特的暗部区域进行补光。

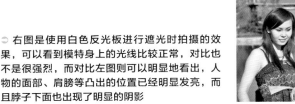

⊃ 右图是使用白色反光板进行遮光时拍摄的效果，可以看到模特身上的光线比较正常，对比也不是很强烈，而对比左图则可以明显地看出，人物的面部、肩膀等凸出的位置已经明显发亮，而且脖子下面也出现了明显的阴影

⋒ 使用白色的反光板可以反射比较柔和的光线，同时也不会让模特觉得刺眼，当然，如果仍然觉得补光不足，就需要使用银色或金色反光板对其进行补光

⊃ 右图是使用白色反光板对暗部补光后拍摄的照片，效果明显要比左图好得多

夜间拍摄朦胧光斑的浪漫人像

拍摄夜景人像的最大难点就在于如何在照亮人物的同时，让背景也亮起来。使用相机的夜间人像场景模式拍摄时，相机会自动开启闪光灯，并延长曝光时间，此时最好使用三脚架以保证相机的稳定。

当然，在拍摄时不要离模特太近，否则闪光打在拍摄对象身上会显得光线比较生硬，可以使用长焦镜头配合较大的光圈进行拍摄。

如果要对拍摄进行更多的控制，最好使用光圈优先模式，将光圈开到最大并靠近模特，以得到前景清晰、背景充满朦胧光斑的浪漫人像。

⊃ 使用大光圈并配合闪光灯补光，拍出的夜景人像效果还是不错的

焦距：200mm　光圈：f/2.8　快门速度：1/200s
感光度：ISO 400

⋂ 拍摄时使用高感光度以提高快门速度，从而保证获得清晰的画面效果

焦距：50mm　光圈：f/1.8　快门速度：1/200s　感光度：ISO 1600

2.4　户外运动人像拍摄技巧

如果模特处于运动状态，那么应该设置一个较高的快门速度，在正常户外光线条件下，拍摄正常走动的模特，使用1/250s左右的快门速度即可；如果模特做幅度较大的剧烈运动，则应该设置更高的快门速度。

另外，在拍摄之前，应该预先做好测光和构图工作，以避免人物冲出画面，以致失去拍摄时机，这种情况多出现在高速运动的人像拍摄中，往往是摄影师还没有来得及改变构图，人物的运动就已经完成了。

除了抓拍运动中的人物以外，我们也可以通过跟随拍摄的方式来表现人物运动时的动感。

这种跟拍运动人像的技法，也同样适用于表现汽车、摩托车等运动物体的动感，读者可以参考上述方法，自己尝试着拍摄。

◔ 这是在光圈优先模式下以高速快门抓拍的精彩瞬间，当然，由于不可能保证一定会在最合适的瞬间按下快门，因此，最保险的办法是使用连拍方式进行拍摄

焦距：35mm　光圈：f/8　快门速度：1/500s　感光度：ISO 100

◑ 使用3D跟踪对焦方式，并设置高速快门，将赛马者清晰地定格了下来

焦距：300mm　光圈：f/6.3　快门速度：1/1250s　感光度：ISO 400

2.5　提升人像拍摄的技巧

寻找最美的角度

　　要让照片中的人看上去比真人更美，需要摄影师用心观察模特的五官，并在拍摄时找到最好看的角度。

　　人的面部可分为额骨、颞骨、颧骨、上颌骨、下颌骨。在拍摄前，化妆师必须要明白面部的哪些不足可以修饰、弥补，哪些不需要修饰、弥补。常见的脸型修饰手法是：用刘海修饰额骨部分，如最常见的大额头；用两侧垂下的头发修饰下颌骨，如常见的宽脸盘。颧骨部分与鼻型、唇形、眼睛的大小，均可以通过化妆的手法进行美化。

　　完成化妆后，摄影师则必须依靠调整相机的角度、模特相对于光源的位置，来使模特在画面中呈现最完美的一面。

　　例如，抬高相机拍摄能让鼻子在照片中看上去长一些，而下巴和下颌的线条更窄，前额更宽；降低相机拍摄会让鼻子在照片中看上去更短一些，并且不再强调前额，转而强调模特下颌的线条与下巴。又如，拍摄展示四分之三面部的肖像时，要让模特较小的眼睛（通常人的两只眼睛大小不同）靠近相机，使用这种姿势，较远的眼睛会看起来比较小，因为它到镜头的距离比另一只眼睛远，最终这种透视效果会让照片中的两只眼睛看起来一样大。

利用简单的口令调整模特的面部方位

　　为了使模特的面部受光，在指导模特的面部朝向时，避免使用"向左""向右""朝前"之类的语言，这样只会让模特更迷茫，也不一定能达到预期的效果，比较有效的做法就是告诉模特"看天空，找太阳"，这

🎧 表现了女孩的四分之三的侧脸，这个角度看起来五官很立体，线条很柔美

焦距：85mm　光圈：f/2　快门速度：1/250s　感光度：ISO 400

样模特就会抬头，且目标明确地寻找光源，拍出的照片就不会出现面部灰暗的状况了。

🎧 让模特望向走廊外面可使其面部受光，在较暗的背景衬托下看起来更加白皙

焦距：200mm　光圈：f/4　快门速度：1/250s　感光度：ISO 200

通过面部拍摄模特情绪

表情是一张人像作品的灵魂，因为它诉说着故事，就算简短也能烘托出一种气氛。快乐、忧伤或若有所思，这些都是可以利用脸部表情所产生出来的剧情感传递出来的。这些情境可以在拍摄的同时给予模特指令，要求对方表现出你想要的情境。所谓的"自己High"指令，就是这样的方式。

补充一点，通过使用道具，可以让情绪传达得更准确。例如脸靠着小提琴，可以很陶醉，也可以很忧伤；拿冰饮料贴着脸颊再闭上一只眼，看起来就很开心；抱着布娃娃，可以是开心的，也可以是伤心的；拿着一只装满红酒的酒杯，模特似乎真的就要掉下眼泪……

○ **或娇嗔或搞怪的表情将女孩鬼灵精怪的样子表现得很好**

焦距: 85mm　光圈: f/1.8　快门速度: 1/250s　感光度: ISO 100

利用不稳定感拍出有特色的肢体动作

拍摄人像有时需要模特摆出一些当时感觉莫名其妙，但很有画面效果的姿势，为了使模特能更快领悟到摄影师的意思，可以给其一些肢体上的形容，比如，想象自己正行走在松软的棉花堆里，棉花有膝盖这么高，抬腿时会觉得举步维艰，踩下时，又要注意站稳，每一步都要小心翼翼，确定站稳、安全，而且上半身会因为踩入棉花显得不稳定。

以这种方式引导模特不仅使其很快进入状态，而且每一位模特所表现出来的感觉都不一样，利用这种想象表现出来的姿势，在肢体表达上仍带有踩棉花的感觉，却可以发挥出很时尚的动作表达，很酷，也很有气势。

○ **女孩翘起一脚、顺势将包仰起的样子显得既俏皮又可爱，这种不稳定的姿势反而有助于模特在拍摄时放松**

焦距: 75mm　光圈: f/2.8　快门速度: 1/500s　感光度: ISO 100

拍好回眸一笑的经典摆姿

为拍到转身后服装有飘逸感的移动画面，可以让模特在原地或是走过去然后大转身，转身后找到镜头，或是往上看。重点都是要转得自然，转头与转肩膀或转头、肩膀与下半身，摆动幅度不一样，画面效果也不同，要事先与模特沟通好肢体摆放的位置。

需要注意的是，往哪边转，要根据当时太阳的方向而定，如果转错方向，脸就会是黑的。大转身时还要注意手臂的动作，以免不小心遮到脸。

◯ 回眸一笑不仅"百媚生"，也可使女孩的肢体避免正面拍摄时的呆板和僵硬

焦距: 135mm 光圈: f/3.5 快门速度: 1/320s 感光度: ISO 100

利用称赞捕捉迷人微笑

称赞拍摄对象，是制造自然微笑的最简单的方法。告诉模特她看上去非常漂亮，还有你多么喜欢她的某一部分，比如她的眼睛、她的发型等等。因为只是简单地说"微笑"，会制造一个毫无生气的表情。而通过真诚的鼓励和恭维，可以让拍摄对象自然而真诚地微笑，并且他们的眼神会自然地和你交流。拍摄时要高度注意拍摄对象的嘴，确定嘴周围的肌肉没有紧张，因为那会使完成的照片显得不自然、做作。放松的气氛是释放模特紧张情绪的最佳渠道，所以要通过对话把拍摄对象的注意力从拍照上转移走。

另外，要注意提醒拍摄对象周期性地抿湿嘴唇。这会让嘴唇在完成的肖像中闪光，因为湿润可以制造细小的镜面反射的高光。

◯ 自信的笑容可以让画面更有感染力

焦距: 85mm 光圈: f/2.8 快门速度: 1/500s 感光度: ISO 200

调整相机高度拍出漂亮肖像

对齐肩像来说，相机高度应该和拍摄对象的鼻尖一致。对于四分之三身长的肖像，相机高度应该在拍摄对象的腰和脖子之间。在全身肖像中，相机应该和拍摄对象的腰一样高。在每一种情况下，相机所在的高度都正好在取景器里把拍摄对象分成相等的两部分。这样，镜头与拍摄对象轴线上面的部分和下面的部分到镜头的距离完全相等，就得到了"正常"的透视效果。

当相机升高或降低时，透视效果（照片中各部分之间的大小关系）就会改变。对广角镜头来说，这一点尤其夸张。

在四分之三身长或全身肖像中，可以通过升高相机，增大拍摄对象的头与肩区域并

且让臀部和腿变瘦。相反，如果降低相机，会把头的尺寸减小并且增加小腿和大腿的尺寸。升高相机时，让镜头向下倾斜（降低相机时，向上倾斜）会加强这种效果。相机离拍摄对象越近，这种效果的变化就越显著。如果按照想要的效果调整了相机高度后，发现没有变化，那么把相机移动到离拍摄对象更近的地方，再看看效果如何。拍摄齐肩像时升高或降低相机的高度，效果变化会更加明显。升高或降低相机，使之高或低于鼻子，是修正面部缺陷的主要方法。升高相机会让鼻子变长，下巴和下颌的线条更窄，前额更宽；降低相机会让鼻子变短，不再强调前额，下颌线条更宽并且强调下巴。

◑ 从上往下拍摄，女孩脸型比较显瘦，使其更加娇小、甜美、可爱，这正是女孩们最喜欢的效果

焦距：85mm　光圈：f/2　快门速度：1/250s　感光度：ISO 100

CHAPTER 3

儿童摄影技法
26例

3.1　引导儿童进入状态的技巧

由他人引导儿童进行拍摄

儿童的状态易受到他人的影响，在他人引导之下可使其情绪、视线、注意力被不同程度地调动起来，得到自然的画面效果。

比如由父母、长辈等在旁边做各种吸引孩子注意力的动作，引孩子发笑等，总之，只要转移孩子对相机的注意力就达到目的了。

◯ 在大人的引导下，孩子会忘记摄影师的存在，这样才会放松心情，表现出最好的状态

焦距：35mm　光圈：f/3.2　快门速度：1/250s
感光度：ISO 500

通过呼唤宝宝的名字进行拍摄

拍摄宝宝的时候，为了将其注意力引导至摄影师镜头的方向，常常在宝宝玩得最起劲、最开心的时候叫他（她）的名字，而宝宝的回应会使画面呈现出非常轻松、自然的效果。

摄影师在拍摄宝宝时需要时刻观察他们的一举一动，说不定哪一瞬间就展现出其最轻松、自然的表情，同时，摄影师还需要具有稳、准、快的拍摄素养。

◯ 亲人呼唤宝宝的名字，一定可以引起宝宝的注意，在其回头的瞬间就可以抓拍下宝宝愉快的表情

焦距：70mm　光圈：f/3.5　快门速度：1/320s　感光度：ISO 100

让孩子们忙碌起来再进行拍摄

大多数孩子喜欢一刻不停地动着，"有事可做"是他们最满意的时候，因此在拍摄前不妨让他们搬东西或取玩具，也可以给他们一些对于他们来说新奇的物件，使其忙碌起来分散孩子对镜头的注意力，说不定孩子们会表现出令人惊奇的好状态。

⚪ 孩子是不受指挥的，不如让他们做自己喜欢的事情，这样拍摄起来才顺利

焦距: 135mm 光圈: f/2.8 快门速度: 1/250s 感光度: ISO 400

顺其自然地进行拍摄

对儿童摄影而言，可以拍摄他们在欢笑、玩耍甚至是哭泣的自然瞬间，而不是指挥他笑一个，或将手放在什么位置，除了专业的模特外，这样的要求对绝大部分成人而言都会使其感到紧张，更何况是纯真的孩子们，所以顺其自然的拍摄方式比较适合孩子们。

即使你真的需要让他们笑一笑或做出一个特别的姿势，那也应该采用间接引导的方式，让孩子们发自内心地、自然地去做，这样拍出的照片才是最真实的，也最具有震撼力。

另外，为了避免孩子们在看到有人给自己拍照时感到紧张，最好能用长焦镜头，这样可以尽可能在不影响他们的情况下，拍摄到最自然的照片。这一点与拍摄成人的人像照片颇有相似之处，只不过孩子们在这方面更敏感一些，因此对长焦镜头的需求也就更强烈一些——当然，如果能让孩子完全无视你的存在，这个问题也就迎刃而解了。

⚪ 哭泣中的孩子被摄影师抓拍下来，记录下了儿童纯真的瞬间

焦距: 66mm 光圈: f/4.5 快门速度: 1/200s 感光度: ISO 200

⚪ 让两个感情很好的小伙伴进入很自然放松的状态，就可拍到孩子很童真的一面了

焦距: 200mm 光圈: f/4.5 快门速度: 1/125s 感光度: ISO 100

3.2　值得记录的精彩

拍摄时应捕捉孩子最真的一刻

沉浸在某种情绪中的孩子是最"真"的，这种情绪可以是正面的，也可以是负面的，比如嬉戏时的开怀大笑，受委屈时撇嘴哭泣等，都是非常自然、真实的一刻，作为摄影师，要捕捉到最真的一刻，就要随时注意孩子的表情，把握住最佳的那个瞬间。

有些家长及摄影师为了展现好孩子的形象，刻意设计孩子的姿势与神情，殊不知这样的照片根本就不能全面反映孩子的个性与特质。

孩子总是天真不做作的，找一个能引起其兴趣的事情，他就可以忘情地沉浸其中，这时只要用相机抓拍下来就可以了

焦距: 70mm　光圈: f/6.3　快门速度: 1/250s　感光度: ISO 100

拍摄时借助于可爱的小道具

儿童摄影非常重视道具的使用，这些东西能够吸引孩子的注意力，让他们表现出更自然、真实的一面。很多生活中随意的一些东西，只要符合孩子们的兴趣，都可以成为可爱的小道具，拍摄出来的照片也更有意思。

孩子拿着烟斗懵懂的样子看起来很有趣

焦距: 50mm　光圈: f/2.5　快门速度: 1/250s　感光度: ISO 100

拍摄儿童天真无邪的面部特写

　　儿童的表情总是非常自然、丰富的，通常儿童明亮、清澈的眼睛，娇嫩、柔滑的皮肤等都是值得摄影师花费时间和精力来表现的，也正因为如此，儿童娇嫩的面容才成为很多摄影师最喜欢拍摄的题材之一。选择在室外顺光或散射光条件下拍摄，使其柔滑、娇嫩的肤质获得更好呈现。构图时可以用特写的形式来表现。

扫描二维码，跟视频学摄影

◎ 摄影学习理论——理解阶段性正确

⊃ 宝贝两只清澈透亮的眼睛、天真无邪的表情将其纯真的性情淋漓尽致地表现出来，摄影师准确地抓拍到了这一瞬间懵懂的表情

焦距：60mm　光圈：f/2　快门速度：1/160s　感光度：ISO 400

⋒ 小男孩细腻的皮肤、圆滚的眼睛很招人喜爱，摄影师需要拥有足够的耐心和敏锐的眼光，以便把握住这个动人的瞬间

焦距：50mm　光圈：f/6.3　快门速度：1/400s　感光度：ISO 400

拍摄值得珍藏的儿时情感世界

儿童摄影对于情感的表达非常重要，儿童与家人或熟悉的朋友在一起时会表现得更自然，其活泼、爱动的可爱性情才会被更多激发出来。同时，家人或朋友的纳入会使画面更具纪念性。儿童与父母、兄弟姐妹及玩伴之间的情感描绘，常常给人以温馨、美好的感觉，是摄影师最为喜爱的拍摄题材之一。

由于拍摄对象已经由一个人变为两个甚至更多的人，有时可能是一个人的表情很好，但其他人却不在状态，因此想把握住最恰当的瞬间进行拍摄，就需要摄影师拥有足够的耐心和敏锐的眼光，同时，也可以适当调动、引导拍摄对象的情绪，但注意不要太过生硬、明显，以免引起拍摄对象的紧张。

⟡ 两个小姐妹相亲相爱的样子看起来既天真又单纯

焦距：50mm　　光圈：f/2.8　　快门速度：1/160s　　感光度：ISO 100

⟡ 父爱是内敛而深沉的，因此，父亲温情流露的瞬间才更难能可贵

焦距：85mm　　光圈：f/5.6　　快门速度：1/400s　　感光度：ISO 100

⟡ 背靠背坐在一起的小姐弟显得非常亲密无间

焦距：105mm　　光圈：f/5.6　　快门速度：1/160s　　感光度：ISO 100

⟡ 和爷爷奶奶在一起的时光是无比幸福快乐的，画面传达给人浓浓的亲情

焦距：125mm　　光圈：f/3.5　　快门速度：1/400s　　感光度：ISO 200

拍摄玩耍中开心的儿童

　　儿童摄影非常强调自然与生动的表现，这一点在儿童玩耍过程中很容易抓拍到。将玩耍中的孩子开心的样子纳入镜头可以获得最为自然的精彩画面，同时使照片更具有纪念意义。

⊃ 淘气的宝宝坐在玩具汽车里开心极了，此时也非常乐意配合摄影师做出任何动作

焦距: 70mm　光圈: f/2.8　快门速度: 1/500s　感光度: ISO 320

⊙ 在儿童的世界里，他们可以用自己独有的方式轻松相处，而当他们"打成一片"时，儿童间不同的表情有时会给画面增添很强的趣味性

焦距: 90mm　光圈: f/3.5　快门速度: 1/160s　感光度: ISO 100

拍摄幼小孩子的可爱身形

除表现儿童丰富的表情外，其多样的肢体语言也有着很大的可拍性，包括有意识的指手画脚，也包括无意识的肢体动作等。

宝宝一次不经意的转身、蹒跚的背影等，每一个细微的小动作，都是可爱的。将孩子娇小、可爱的身形记录下来，用来见证宝宝成长的过程，也是一个不错的选择。

⋒ 画面中孩子娇小的身材非常惹人怜爱

拍摄安静的乖巧宝贝

宝宝在短暂发呆或是进入梦乡时，神态会显得异常轻松、自然，如果摄影师能够很好地利用这一时间段，可大大降低拍摄的难度，很容易捕捉到孩子安静、乖巧的神情。

⋒ 酣睡中的宝宝不自觉的动作非常可爱，这时拍摄也非常方便，可以任意选择角度

焦距：40mm　光圈：f/10　快门速度：1/250s　感光度：ISO 200

利用食物的诱惑表现出孩子可爱的吃相

美食对孩子们有着巨大的诱惑力，利用孩子们喜爱的美食可以很好地调动他们的兴趣，从而拍摄儿童趣味无穷的可爱吃相。但需要注意的是，越小的孩子的吃相越难看，摄影师要留心让引导员随时擦干净他们的嘴巴和脸蛋，尤其注意不要弄脏衣服。

↻ 宝宝吃苹果的样子非常可爱，使用连拍功能并提高感光度以得到较快的快门速度，以便更好地进行抓拍

焦距: 40mm　光圈: f/6.3　快门速度: 1/200s　感光度: ISO 1600

利用宠物和孩子的互动拍出有趣的画面

家里的宠物是孩子的好玩伴，在给孩子拍照片时，不要忘记它们，它们完全有资格担当一个优秀的、活的道具。

在拍摄时，可以让孩子和自己的狗狗、猫猫等宠物在一起，这样孩子不但很放松，还会觉得很好玩，甚至忘记了镜头的存在，此时即可抓拍到孩子与宠物互动的有趣画面。

↻ 狗狗和孩子一起在草地上玩耍的画面看起来非常温馨

焦距: 30mm　光圈: f/7.1　快门速度: 1/640s　感光度: ISO 100

利用有情节的画面来感染人

以全景的景别拍摄儿童，可以将拍摄对象以及周围环境清楚地纳入到画面中，对于呈现情节性表达的画面较为有利。记录下事情发展的过程，可使观者有身临其境的共鸣感，有情节表达的画面更容易感染人。

按此景别拍摄时，最好使用变焦镜头，变焦镜头解决了我们在拍摄多动的儿童时须跟随其走来走去的难题，并且还可以最大限度减少对拍摄对象的干扰，使其呈现出最为自然的一面。

⌂ 利用连拍记录孩子在海边玩水的整个过程，画面看起来很有趣味性

发挥想象力来拍摄可增加画面的变数

倘若一组摄影作品都是一成不变，再好的作品看久了也都会看腻，就像吃多了山珍海味，偶尔吃一些青菜水果感觉也不错。正如一本书、一部电影一样，需要有承上启下的转合，搞笑的剧情中总是会穿插一些感人的桥段，或是一部以感人为主的作品中偶尔穿插一些轻松的片段，也都会让人感到惊喜。如果摄影者可以吸取这种经验，在拍摄时充分发挥想象力与创意，拍出来的画面一定会有趣许多。

⌂ 拍摄宝宝时，其微笑或低头沉思的样子都值得记录下来，这样的"真情表露"才有画面渲染力

焦距: 85mm 　光圈: f/3.5 　快门速度: 1/250s 　感光度: ISO 100

利用简洁的画面更好地突出孩子局部

在摄影构图时，简明是最基本的要求，能
否传达出画面主题的表达意图是一个摄影
作品成功与否的先决条件，而简约的构图
则能够有效地突出拍摄对象，从而强化主
题。在采用简约构图方式拍摄人像时，摄
影师除了可以利用长焦镜头或者较大光圈
来得到景深较小、主体突出的画面效果外，
在构图上还可以将干扰画面主体的背景排
除在画面之外，以达到突出孩子局部特点
的目的。

⊃ 利用特写的形式表现宝宝的局部

焦距: 50mm 光圈: f/1.8 快门速度: 1/100s 感光度: ISO 100

摆拍要有趣味性

　　通常给成年人拍照都会是摆拍，很多家
长为了拍到孩子"可爱"的画面，也要孩
子程序化和僵硬地摆拍，但都是以孩子哭
闹不配合告终。其实只要恰当引导，孩子
也可以使用摆拍，摆拍便于摄影师更从容、
更好地控制环境，但要注意避免呆板的摆
拍，可以根据环境、道具灵活地布置一些有
趣味性的摆拍，还可以让孩子也加入进来，
这样身在其中的孩子表情和状态才会更自
然。

⊃ 穿着喜欢的军装，孩子自然很配合地做出任何动作

焦距: 85mm 光圈: f/3.5 快门速度: 1/250s 感光度: ISO 100

利用特写来表现孩子纯真的眼神

　　孩子们的眼神总是很纯真的，在拍摄儿童时应该将其作为重点来进行表现，构图时可选择特写的形式。在拍摄时还应注意寻找眼神光，即眼睛上的高光反光亮点，具有眼神光的眼睛看上去更有活力。如果光源亮度较高，在合适的角度就能够看到并拍到眼神光；如果光源较弱，可以使用反光板或柔光箱对眼睛进行补光，从而形成明亮的眼神光。

◠ 孩子毫无戒备，纯真的眼神在画面中非常醒目

焦距: 50mm　光圈: f/2.5
快门速度: 1/500s　感光度: ISO 200

随时改变拍摄视角记录孩子的每个精彩瞬间

　　拍摄儿童与其他人像摄影略有不同，对成人而言，摄影师站立拍摄是正常的平视角度，而对儿童来说就变成了俯视角度，因此在拍摄时要随时调整拍摄高度和视角以获得精彩的拍摄效果。例如，在俯视拍摄儿童时，可适当地将周围环境纳入到画面中来，以凸显儿童的娇小可爱。

◠ 由于孩子都很好动，可将其动作作为一个系列记录下来形成一组画面

焦距: 25mm
光圈: f/10
快门速度: 1/400s
感光度: ISO 100

3.3 儿童摄影注意事项

拍摄时关闭闪光灯避免伤害孩子的眼睛

从医学角度来说，婴儿在出生后到三岁前，视觉神经系统还没发育完全，强光会对眼睛的发育造成不良影响。因此，为了他们的健康着想，拍摄时一定不要使用闪光灯。

在室外拍摄时，通常比较容易获得充足的光线；而在室内拍摄时应尽可能打开更多的灯或选择在窗户附近光线较好的地方，以提高光照强度，然后配合高感光度、镜头的防抖功能、倚靠物体或使用三脚架等方法，保持相机的稳定。

扫描二维码，跟视频学摄影

◔ 摄影学习理论——一个有趣的练习

◑ 在室内光线不理想的情况下，加大光圈和提高感光度是保证准确曝光的最好方法

焦距: 200mm   光圈: f/4   快门速度: 1/200s   感光度: ISO 1000

拍摄时和他／她一样高

除了一些特殊的表现形式外，绝大多数时候，我们还是需要以平视的角度拍摄儿童，以保证拍摄到真实、自然的儿童照片。这一点与拍摄成人照片也有相同之处，只不过儿童的身高更矮一些，摄影师需要经常蹲下甚至是趴下和其一样高才能保证平视视角。

平视拍摄对孩子来讲不会有"压迫"感，可使其放松，尽显儿童天真烂漫的一面

焦距：200mm　光圈：f/2.8　快门速度：1/640s　感光度：ISO 100

要让孩子开心起来

拍摄儿童时，因为孩子不会做作，并不懂得如何展示自己的"美"，所以要先调动他们的情绪。因为他们的单纯、天真，也很容易被开心的情绪感染，而且孩子的开心总是那样发自内心的，只有让孩子开心起来，才可能拍摄到其天真自然、活泼可爱的瞬间。

定格孩子开心大笑的一刻，即便很久以后再看到这张照片，仍然忍不住会心一笑，这与采用平视角度真实记录下这个精彩瞬间有着很大的关系

焦距：85mm　光圈：f/3.2　快门速度：1/125s　感光度：ISO 400

为孩子拍摄时应把握时间长度

通常来说，孩子们的好心情只能维护40分钟左右，因此整个拍摄过程建议在一个小时以内完成，应优先选择拍摄效果最佳的服装和主题，因为开始时孩子的状态最佳，拍摄出的效果也更好。

⟳ 由于孩子的耐心比较短，在其状态很好的时候就要适当多拍，尽量赶在孩子累了之前完成拍摄

焦距: 85mm　光圈: f/3.2　快门速度: 1/320s　感光度: ISO 200

正确对焦好动的孩子保证画面清晰

儿童时期正是玩耍的时候，宝宝大部分时间都是在玩耍，且行动变化莫测。尤其遇到好动的宝宝，想要清晰地对焦，就需要将相机设置为AI SERVO人工智能伺服自动对焦模式（佳能）或AF-C连续伺服自动对焦模式（尼康）。

在实际拍摄时，通过半按快门对拍摄对象对焦后，即使孩子突然移动位置，相机也可以自动进行跟踪对焦，从而可以更快速地抓拍不断运动的孩子。

要想拍摄好儿童照片，要对儿童有一定的了解。摄影师需要知道不同年龄段儿童的注意力程度及对事物的感兴趣程度，要知道如何调动儿童的情绪。

⟳ 拍摄年纪稍大，喜欢跑来跑去的孩子时，应设置连续对焦模式，以确保每张照片的清晰度

焦距: 33mm　光圈: f/4.5　快门速度: 1/100s
感光度: ISO 100

增加曝光补偿表现孩子娇嫩肌肤

儿童的娇嫩肌肤是很多摄影爱好者都喜欢拍摄的，在拍摄时，可以增加曝光补偿，在正常的测光数值基础上，适当增加0.3~1挡的曝光补偿，这样拍摄出的效果显得更亮、更通透，儿童的皮肤也会更加粉嫩、白皙。

⊃ 增加了1挡曝光补偿，小女孩的皮肤显得非常白皙

焦距：50mm　光圈：f/22　快门速度：1/125s
感光度：ISO 100

连拍模式才能更好地抓拍孩子的精彩瞬间

儿童摄影最头痛的就是孩子不像大人那样能顺利地进行沟通，而且其动作也是不可预测的，所以在拍摄时，就需设置更高的快门速度，时刻准备抓拍，启用连拍模式，并使用AF-C连续伺服自动对焦模式（尼康）或AI SERVO人工智能伺服自动对焦模式（佳能），以确保抓拍精彩瞬间时，也能够清晰、连贯地进行成功拍摄。

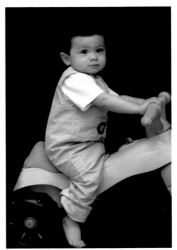

⌒ 可利用连续对焦功能将孩子每个动作和鬼脸都清晰地记录下来

焦距：100mm　光圈：f/3.2　快门速度：1/500s　感光度：ISO 100

CHAPTER 4

纪实摄影技法
21例

4.1 体育纪实摄影技巧

选择适用的镜头拍摄不同类型的运动场景

在体育摄影中，一支中长焦镜头是必不可少的，以便于我们在较远的地方进行近景拍摄。

专业的体育摄影师常使用的是 300mm f/2.8、400mm f/2.8 或 70-200mm f/2.8 这样的专业级镜头，而对普通的摄影爱好者来说，可以选择 70-300mm f/4.5-5.6 这样的变焦镜头，虽然在最大光圈、成像质量上差很多，但由于原厂镜头皆贴心地配备了防抖功能，且只有几千元的价格，所以性价比还是非常高的。

使用连拍模式确保拍摄运动场景的成功率

体育摄影的瞬间性非常强，往往最精彩的瞬间就在数秒甚至不到1秒的时间内发生，而且人物的变化幅度也都非常大，因此，为了能够准确地捕捉到这些画面，选择连续对焦模式，并启用高速连拍功能，则可以有效地抓取运动瞬间，从而提高拍摄的成功率。

尽可能提高快门速度拍摄高速运动的场景

为了凝固人物运动的瞬间，拍摄时必须使用高速快门，无论是在室内还是室外拍摄，最起码要保证快门速度在 1/250s 以上，一般使用 1/400s~1/800s 的快门速度就可获得比较满意的画面效果。

要想获得更高的快门速度，就需要镜头能够提供大光圈，或设置较高的 ISO 感光度。目前，对于主流的数码单反相机而言，使用 ISO400~ISO800 的感光度拍摄时都可获得不错的画面效果。若使用更高的感光度拍摄的话，则越高档的相机在噪点的控制方面就越理想一些。

◑ 使用高速快门不仅可以凝固精彩的瞬间，还可以保证画面的清晰

拍摄运动员时可使用陷阱对焦锁定焦点

陷阱对焦属于"守株待兔"式的拍摄方法，即预先将焦点定于某个位置，然后将对焦模式更改为手动对焦，当判断在该范围内将出现需要的画面时，只需按下快门进行连拍即可。

例如，要拍摄篮球运动员灌篮时的精彩画面，就可以预先将焦点锁定在篮筐上，待有球员要灌篮时，按下快门进行连拍即可。

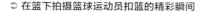

⊃ 在篮下拍摄篮球运动员扣篮的精彩瞬间

焦距: 200mm　光圈: f/8　快门速度: 1/800s　感光度: ISO 100

利用追随拍摄表现赛车手的动感

所谓追随拍摄，就是使用较低的快门速度，在曝光过程中跟随运动员保持相同的速度向同一个方向移动，这样在画面背景上会出现流动的线条，快门速度越慢，线条感越明显，画面就越显得动感十足。

⊃ 使用追随拍摄法拍摄运动中的摩托车，整个画面充满动感

焦距: 200mm
光圈: f/4
快门速度: 1/30s
感光度: ISO 100

4.2 人文纪实摄影技巧

表现当地人以真实为前提

纪实摄影是指对人类社会进行真实记录的一种表现形式，它需要摄影师以一种公平、负责、客观的心态去记录自己的见闻，而不能以个人的情感准则来评判事件。因此，相对而言，纪实摄影对摄影技巧的要求并不高，但摄影师能否敏锐地把握住值得记录的瞬间，则需要依靠经验和长期的磨炼来及时做出反应。

☯ 画面中的母女俩很有异域特色，由于在户外拍摄，使用大光圈虚化了周围杂乱的环境，使其在画面中突出

焦距: 200mm 光圈: f/7.1 快门速度: 1/200s
感光度: ISO 100

表现特色事件的决定性瞬间

一个美妙瞬间的捕捉能够真实反映事件发生的状态，并且具有很强的现场感；就画面感而言，拥有"瞬间"的画面极具动感，整个画面气氛活跃、生动，视觉冲击力更强。

有时候，瞬间的捕捉不一定要表现某一个明确的主题，通过对人物一个高潮的动作进行巧妙抓拍，让画面充满强烈的动感与趣味感，看似没有主题，留给观者的却是无尽的遐想。

☯ 稻田里，农妇用力甩掉秧苗上的泥巴，泥浆在空中形成弧形曲线，增强了画面的动感，给人一种意境美

焦距: 135mm 光圈: f/2.2 快门速度: 1/1600s
感光度: ISO 250

表现典型人物时应抓取鲜活的表情

表情是纪实摄影中最为重要的表现形式之一，要拍出带有新意且让人印象深刻的画面可能有很多方法，但最理想的方法莫过于适时地抓拍一些人物的表情，因为一张照片最吸引人的地方往往是那些生动的表情，观者的视线很容易被吸引。

扫描二维码，跟视频学摄影

🎧 摄影理论学习视频
——多看优秀电影作品

➲ 父亲爽朗的笑容给人强烈的视觉感染力

焦距: 55mm   光圈: f/7.1
快门速度: 1/200s
感光度: ISO 200

表现当地特色以表现生活特点为主

纪实摄影所涉猎的题材比较广泛，所反映的地域文化、风俗等在平常的生活中是难以遇到的，具有很强的新鲜感，不同的人物形象、生活状态、精神面貌等都会为你的拍摄增加更多的表现视角和内容。

➲ 通过对具有浓郁地域特色人物的拍摄，清晰、客观、真实地反映出当地的民生状态和地域特点

焦距: 52mm   光圈: f/5
快门速度: 1/640s
感光度: ISO 400

拍摄系列纪实照片

系列纪实摄影是指，用一个照片系列来表现一个主题，在拍摄这个系列中的照片时，摄影师无需受限于距离和拍摄地点，也无需受限于照片的画幅，要表现的主题可以很广泛，例如，可以将楼梯作为表现主题（如右侧4张照片），或以井盖为表现主题。每到一个不同的地方后，均以这些主题进行创作，经过长时间积累后，这个系列的照片就会变得与众不同。

在拍摄这个系列的照片时，可以丰富自己的拍摄经验和观察力，形成个性化的拍摄风格与手法。

◑ 将系列照片放在一起会很有意义

让照片中的眼睛传情达意

如果说面部表情是以人像为主要表现对象的纪实类照片的视觉中心，那么照片中的眼睛就是中心的中心，尤其是在拍摄半身和特写人像时，眼睛在照片中所起的作用是不言而喻的。绝大多观者会被一张照片中的眼神吸引，并试图读懂照片中人物的情绪。而在一张好的照片中，人物的眼睛也一定能够准确地传达出人物的憧憬、思念、忧郁、感怀或其他喜怒哀乐之情。

在大多数情况下，当拍摄对象注意到自己在被摄影师拍摄时，表情、眼神和动作都会变得不自然，因而，拍摄纪实类摄影作品，装扮和相机最好不要太张扬。

◑ 画面中小女孩脏兮兮的脸上闪烁着一双眼睛，这种典型的带着沉重和渴望的眼神，总能让人顿生爱怜之心

焦距：135mm 光圈：f/3.5 快门速度：1/320s 感光度：ISO 400

4.3　旅游摄影技巧

时刻准备着

在旅途摄影中，很多时候我们看到窗外的美景却身困车中不能停车拍摄，或者为无法早起或晚归来拍摄日出日落的美景而感到无奈。其实，不论是航班上、汽车里或是渡轮上，每个地方都有可能拍到好的照片，这需要我们处于时刻准备的状态，当遇到好的光线和景色时善于抓住时机拍摄。

下面是一些有用的小技巧：

- 不要关闭相机，但为了省电可以将待机时间设置得稍短一些，以便于通过按下快门快速唤醒相机，进入拍摄状态。
- 如果玻璃太脏，可试着将镜头贴近玻璃，并使用大光圈进行拍摄。
- 如果路途颠簸．可用高速快门试拍，或者使用低速快门，将窗外的风景模糊成为漂亮的线条。
- 乘坐长途车时，如果条件允许，最好坐在第一排，这样可以不仅可能够发现更多美景，也能够获得更多拍摄机会。

⋒ **养成平时就将相机准备好的习惯，这样即使是遇到擦肩而过的风景，也能顺利地捕捉下来**

焦距：200mm　光圈：f/4　快门速度：1/160s　感光度：ISO 100

拍摄反映文化特色的细节

在旅游摄影中，要注意通过拍摄细节表现不同地域的文化特色，例如，拍摄当地人使用的工具、佩戴的首饰、房前屋后的装饰物等，都能使照片更加独具特色。

拍摄富有地方特色的建筑

许多地方均有极具特色的当地建筑，如云南傣族的小竹楼、江西客家土楼、水墨画一般的徽派建筑、陕西的窑洞，在旅行中以这些建筑为表现重点，能够让照片有浓郁的纪实风格。

抓住拍摄良机——节庆

不同的民族、地区、信仰的人都有不同的节庆方式，例如，春节、万圣节、圣诞节、泼水节、天灯节，人们采用的庆典活动各不相同。

在节庆活动中，各民族精美的服饰、怪异的面具等极具特色和艺术气息的活动形式，往往具有很强的形式美感，很容易突显出一个地方的文化和宗教特色，是值得关注并深入拍摄的纪实好题材。

๑ 上面是一组节庆的照片，画面中热舞着的人们和艳丽的服饰，无不透着欢快的氛围

在匆忙旅行中拍摄风光佳片的技巧

在匆忙旅行中拍摄风光与自由行在野外风光摄影有很大不同之处。首先，在景区进行风光摄影，时间紧张，多数是在下车后只有2～3小时拍摄时间。其次，景区内通常人满为患，拍摄现场杂乱无章。

基于这种拍摄现状，如果希望在短暂的时间内拍摄出好照片，可以考虑采用以下两个技巧。

调整构图尽量避开杂乱人群

例如，右侧展示的这张照片，由于树的两侧均有杂乱的人群，如果采用通常的横画幅水平构图，一定会将杂乱的人群拍到画面里，因此在拍摄时可以将相机倾斜45°进行拍摄。

๑ 利用倾斜的角度拍摄不仅可避开地面杂乱的人群，这样的角度看起来也很新颖

焦距: 70mm 光圈: f/6.3 快门速度: 1/8000s 感光度: ISO100

扫描二维码，跟视频学摄影

๑ 摄影学习理论——出错与献丑可能是初学者常态

下面的这张是横画幅水平拍摄，左侧明显有杂乱人群。后面这张是将相机斜倾后

的效果，杂乱的人群不见了，树洞里还多了一个窈窕身影，属于意外收获。

除了倾斜镜头外，还可以采取仰视的角度拍摄，即以天空为背景，完全不展现地面景像。或者，在尽量远的距离进行拍摄，

⋂ 仰视以天空为背景进行拍摄，以躲避人群

焦距: 70mm 光圈: f/9 快门速度: 1/500s 感光度: ISO 100

使杂乱人群在画面中所占的比例尽量小，例如下面的照片中，树林中的人都非常小，对画面整体的效果影响不是很大。

⋂ 利用大面积的留白表现树林，不但可避免画面杂乱，还使得树林看起来更显幽静

焦距: 70mm 光圈: f/4.5 快门速度: 1/640s 感光度: ISO 100

围绕固定元素等待拍摄时机

如果无法通过构图避开人或动物，那么，要在这种较混乱的场景中快速找到画面的秩序感，莫过于在现场中寻找如树、建筑物、柱子等在构图时固定不变的元素，并通过构图利用这些元素维系画面的形式感，然后耐心等待人或动物出现在理想的位置。

⊃ 远处一群摄友正向小沙丘上爬，在他们登顶时连拍了几张。后期调整时，刻意加大了反差对比，使画面的明暗对比很强烈，形成一大一小两个阴影面，远处的那个小阴影面就像一个小三角箭头一样，指向沙丘顶上的人群

焦距: 70mm 光圈: f/14 快门速度: 1/320s 感光度: ISO 640

这就比较考验眼力、耐心与运气了。

4.4 舞台纪实摄影技巧

使用变焦镜头有利于舞台摄影取景

舞台中的表演千变万化，有时需要对演员进行特写，有时则需要表现舞台整体的气氛，因此应该有一支高素质的变焦镜头，以便通过改变焦距来改变景别，常用的变焦镜头的焦距段有24mm～70mm 和70mm～200mm。前者通常用来表现舞台全景，而后者则用于拍摄演员全身照，如果想要拍特写画面，还可以使用增距镜。

如果拍摄的场地和舞台面积都很大，根据要拍摄的景别，可以选择焦距为12mm～24mm、50mm、85mm、24mm～70mm、70mm～200mm、100mm～400mm的镜头，也可以使用鱼眼镜头。如果演出的场景较小，可以只携带中焦及广角镜头。

⬆ 以不同的焦距分别表现舞台场景及歌手

焦距: 70mm 光圈: f/6.3 快门速度: 1/250s 感光度: ISO 1600

使用高ISO保证舞台画面能充分曝光

舞台中的灯光多以造型和渲染气氛为主，因此光线都较暗，为了获得充足的曝光及较高的快门速度，要果断牺牲一部分画质，而使用较高的感光度设置。由于大多数舞台表演的照度是较低的，因此在拍摄时可将感光度设置得高一些，一般使用ISO 800甚至更高的感光度也能够得到相对细腻的画面效果。在拍摄时，要注意开启高ISO 噪点消减功能。

⬇ 使用ISO 800拍摄的照片，使画面获得充分的曝光，并很好地捕捉了歌手的动作

焦距: 300mm 光圈: f/8 快门速度: 1/500s 感光度: ISO 1600

使用慢速快门营造特殊舞台气氛

当然，在拍摄舞台照片时，也可以使用慢速快门来营造一种特殊的舞台氛围。例如，将快门速度设置为1/30s~1/60s，基本可以定格舞台上的人物运动，同时对局部较为强烈的运动，也可以形成拖尾式的动感，从而形成独特的视觉感受。

⊃ 使用较低的快门速度，让人物摆动的双手形成拖影，突出其动感

焦距: 135mm
光圈: f/2.8
快门速度: 1/60s
感光度: ISO 200

要注意的是，使用慢速快门拍摄时，要尽量保持相机的稳定，以保证画面清晰。

慎用闪光灯以免破坏舞台的画面气氛

在拍摄舞台题材的照片时，由于摄影师距离舞台一般都很远，所以，这时候闪光灯是起不到作用的。即使拍摄者离舞台很近，也不建议使用闪光灯。因为在拍摄舞台题材的照片时，如果使用闪光灯，会破坏现场的光照环境，无法让观者感受浓烈的现场气氛。

设置白平衡获取特殊色彩舞台画面

舞台上灯光复杂多变，利用白平衡可以还原画面的真实色彩，当然，我们也可以利用白平衡获取特殊的色彩。例如，阴天白平衡可以表现出暖暖的温馨感，而荧光灯白平

⋒ 充分利用现场光进行拍摄，很好地还原了激烈、热情的现场气氛

焦距：200mm 光圈：f/4 快门速度：1/1000s 感光度：ISO 800

衡则可以将画面的冷调氛围表现得更出色。由此可见，不同的白平衡可以获得不同的画面效果，在拍摄时建议尝试改变不同的白平衡模式，将获得意想不到的画面效果。

⋒ 在这幅照片中，利用阴天白平衡增强了画面的暖调色彩，配合绚烂的现场灯光，充分表现了现场的气氛

焦距：200mm 光圈：f/5 快门速度：1/200s 感光度：ISO 400

CHAPTER 5

自然风光摄影
通用技法58例

5.1　自然风光摄影常用镜头

使用广角镜头拍摄大场面的自然风光

　　自然风光摄影，多以大场面作为表现对象，如茫茫的草原、连绵起伏的山脉、一望无际的沙漠、万里无垠的森林等，因此广角镜头是最佳的选择，其视野非常宽阔，而且景深极大，非常适合拍摄风景作品。

◐ 广角镜头很适合用来拍摄视野广阔的场景，宽广的视野可将很多景物纳入画面

焦距: 35mm　光圈: f/6.3　快门速度: 1/320s　感光度: ISO 200

使用中长焦镜头将远处的景物拉近拍摄

　　在一些相对较为特殊的环境中，由于距离目标对象较远，因而需要使用中长焦镜头将其拉近拍摄。例如，在拍摄远山的时候，如果再用广角镜头拍摄，远山在画面中就只有很小的一部分，会造成画面主体不突出，这时就需要利用长焦镜头拉近拍摄，使其在画面占有较大的面积。

◖ 利用长焦镜头将远处的山拉近拍摄，使其在画面中占据较大面积，同时画面呈现较明显的空间压缩感

焦距: 17mm　光圈: f/16　快门速度: 1/250s
感光度: ISO 200

5.2 自然风光摄影常用附件

需要消除反光可使用偏振镜

偏振镜也叫偏光镜或 PL 镜，主要用于消除或减少物体表面的漫射反光，这对于环境中经常存在大量漫射反光的风光摄影而言，有着非常重要的意义，通过使用偏振镜过滤反光，可以使画面的色彩更为自然、浓郁。

在使用偏振镜时，可以旋转其调节环以选择不同的强度，在取景窗中可以看到一些色彩上的变化，待得到满意的结果后即可拍摄。

偏振镜可以阻碍光线的进入，大约相当于 1 挡光圈的进光量，故在使用偏振镜时，我们需要降低约 1 倍的快门速度，才能拍摄到与未使用时相同曝光效果的照片。

需要注意的是，偏振镜分为线型和圆形两种，数码单反相机应选择有"CPL"标志的圆形偏振镜，因为线型偏振镜容易影响数码单反相机的测光和对焦性能。

○ 用偏振镜消除了水面的反光，水下的石块清晰可见，使画面多了一分通透，而水面也显得更加清澈

焦距: 35mm　光圈: f/10　快门速度: 1/160s
感光度: ISO 100

← 保谷HOYA　82mm
CPL偏振镜

○ 通过使用偏振镜使画面的色彩更为纯净、浓郁

焦距: 16mm　光圈: f/14　快门速度: 0.6s　感光度: ISO 200

需要缩小明暗反差可使用渐变镜

渐变镜分为圆形和方形两种，在色彩上也有很多选择，如蓝色、茶色、日落色等。而在所有的渐变镜中，最常用的就是中灰渐变镜。

中灰渐变镜可以在深色端减少进入相机的光线，在拍摄以天空为背景的画面时非常有用，通过调整渐变镜的角度，将深色端覆盖天空，从而在保证浅色端图像曝光正常的情况下，还能使天空具有很好的云彩层次，从而起到缩小明暗反差的作用。

其中，圆形渐变镜是安装在镜头上的，使用起来比较方便，但由于渐变是不可调节的，因此只能拍摄天空约占画面 50% 的照片；而使用方形渐变镜时，需要买一个支架装在镜头前面才可以把滤镜装上，其优点是可以根据构图的需要调整渐变的位置。

⊙ 两种中灰渐变镜

⊙ 未使用中灰渐变镜前拍摄的效果

⊙ 利用中灰渐变镜将天空压暗，使原本光比比较大的天空与地面都得到正确曝光，画面的亮度均衡，细节丰富

焦距: 16mm　光圈: f/11　快门速度: 1/4s　感光度: ISO 100

需要降低镜头进光量可使用中灰镜

　　中灰镜又称为ND（Neutral Density）镜，安装在镜头前面时，可以减少进光量，从而降低快门速度，常用来拍摄丝滑的水流效果等。当希望降低进光量以使用低速快门拍摄时，就可以使用这种滤镜。

　　中灰滤镜分不同的级数，常见的有ND2、ND4、ND8三种，简单来说，它们分别代表了延长1挡、2挡和3挡的快门速度，例如在快门速度为1/4s时安装ND4型号的中灰镜，即可将快门速度延长为1s。

⊃ 通过使用中灰镜降低快门速度，拍摄得到丝滑的水流效果

焦距：18mm　光圈：f/16
快门速度：10s　感光度：ISO 400

为保持相机稳定可使用快门线和遥控器

　　在对稳定性或画面质量要求很高的情况下，例如在日出前或日落后使用低速快门拍摄风景时，通常会采用快门线或遥控器与脚架结合使用的方式进行拍摄，以尽量避免直接按下快门按钮时可能产生的震动，以便得到更高的画面质量。

⊃ 在需要长时间曝光拍摄时，应该使用三脚架和遥控器，以确保画面清晰

焦距：31mm　光圈：f/11　快门速度：90s　感光度：ISO 160

为增加拍摄稳定性可使用脚架

脚架是最常用的摄影配件之一，对于风景摄影来说，应将其视为整套装备的重要组成部分。因为我们常利用小光圈来获得大景深，同时使用低感光度来获得清晰的画面效果，这势必导致快门速度会很低。使用脚架可以让相机变得稳定，以保证长时间曝光情况下也能够拍摄到清晰的照片。另外，使用脚架拍摄时，摄影师也能有充裕的时间去调整取景，以便获得更完美的构图。

按脚架的造型可将脚架分为独脚架与三脚架两类，脚架由架身与云台两部分组成，下面分别讲解选购要点与使用技巧。

对比项目		说 明
铝合金	碳素纤维	目前市场上的脚架主要有铝合金和碳素纤维两种，二者在稳定性上不相上下 铝合金脚架的价格相对比较便宜，但重量较重，不便于携带；碳素纤维脚架的档次要比铝合金脚架高，便携性、抗震性、稳定性都很好，在经济条件允许的情况下，是非常理想的选择。它的缺点是价格很贵，往往是相同档次铝合金脚架的好几倍
三脚	独脚	三脚架用于稳定相机，甚至在配合使用快门线、遥控器的情况下，可实现完全脱机拍摄 独脚架的稳定性能要弱于三脚架，主要是起支撑的作用，在使用时需要摄影师来控制独脚架的稳定性，由于其体积和重量都只有三脚架的1/3，无论是旅行还是日常拍摄都十分方便。独脚架一般可以在安全快门速度的基础上放慢三挡左右，比如安全快门速度为1/60s时，使用独脚架时可使用1/20s左右的快门速度进行拍摄
三节	四节	大多数脚架可拉长为三节或四节，通常情况下，四节脚架要比三节脚架高一些，但由于第四节往往是最细的，因此在稳定性上略差一些。如果选择第四节也足够稳定的脚架，在重量及价格上无疑要高出很多 如果拍摄时脚架的高度不够，可以提高三脚架的中轴来提升高度，但不要升得太高，否则会使三脚架的稳定性受到较大影响。为了提高稳定性，可以在中轴的下方挂上一个重物
三维云台	球形云台	云台是连接脚架和相机的配件，用于调节拍摄方向和角度，在购买脚架时，通常会有一个配套的云台供使用，当它不能满足我们的需求时，可以更换更好的云台——当然，前提是脚架仍能满足我们的需求 需要注意的是，很多价格低廉的脚架，其架身和云台是一体的，因此无法单独更换云台。如果确定以后需要使用更高级的云台，那么在购买脚架时就一定要问清楚，其云台是否可以更换 云台包括三维云台和球形云台两类。三维云台的承重能力强，有利于精准构图，缺点是占用的空间较大，携带时稍显不便；球形云台的体积较小，只要旋转按钮，就可以让相机迅速转到所需要的角度，操作起来十分便利

☾ 长达45s的曝光时间，需使用稳定性较强的三角架，才能保证清晰画面

焦距：50mm 光圈：f/16 快门速度：1/45s 感光度：ISO 100

5.3 拍摄风光题材要做到"四低"

在拍摄风光题材时，一定要做到"四低"，即低饱和度、低对比度、低感光度、低曝光量，这样能够使自己的作品水准更上层楼。

使用低饱和度

低饱和度设定是获得更宽域色彩范围，使照片中的色彩层次更丰富。尤其是在用RAW格式拍摄时，虽然，拍摄出来的照片感觉没有多少层次，但经过后期调整，就能够展现出丰富、厚重的色调，前后反差之大令人惊奇，而效果则令人非常满意。

使用低对比度（低反差）

照片的对比度越大，中间层次越少，照片的影调层次就越不丰富。采用低对比度的拍摄设定，是为了保证照片有丰富的中间过渡影调，使照片中的黑、白、灰层次丰富，为后期调整保留最大的余地。

使用低感光度设定

虽然高端的单反相机，在使用高感光度时照片的画质比较出色，但对于一名对照片画质要求苛刻的风光摄影师而言，这样的画质也仅仅是"比较出色"，距离"出色"仍有一定的距离。

因此，如果要获得最优秀的画质，要坚持使用最低的可用感光度。

使用低曝光

当使用JPEG格式拍摄风光作品时，一定要坚持宁欠勿曝的原则。因为，一旦画面"曝光过度"，过度曝光的部分就会成为一片空白，在画面中没有任何像素点，因此，在后期处理中也不可能调整出任何色彩和影调层次。如若适当"减曝"（减得也不可过分），高亮的区域得到表现，暗调区域虽然看上去漆黑一片，但暗部影调层次都"隐藏其中"，这样的照片可以在后期处理时，通过调整得到一定的影调层次。

但如果使用的是RAW格式拍摄风光作品，则反而要坚持宁曝勿欠的原则，当然这里的"曝"与"欠"，都必须把握一定的度，不可"太过"。

⊃ 利用"四低"原则拍摄，得到细腻、柔和的画质效果

焦距：19mm 光圈：f/18
快门速度：320s 感光度：ISO 100

5.4　自然风光摄影常用拍摄模式

使用风景模式拍摄颜色艳丽的自然风光

使用风景模式拍摄时，相机会自动调整设置拍出颜色艳丽的画面，并且还会自动缩小光圈以获得大景深，使画面的前后景都较为清晰，因此也特别适合于拍摄大场面的风光和城市景观。如果使用变焦镜头的广角端拍摄，则可以使画面中的远、近景物都清晰呈现，其效果要优于长焦端。

扫描二维码，跟视频学摄影

↻ 风光拍摄技巧——按主题构图

🎧 在环境条件不错的情况下，使用风景模式也能够拍出不错的自然风光照片

焦距: 15mm　光圈: f/18　快门速度: 1/60s　感光度: ISO 100

使用光圈优先模式拍摄不同景别的自然风光

由于使用光圈优先模式拍摄时，可以由摄影师控制光圈的大小，而通过光圈又可以控制画面的景深，对于自然风光摄影这种通常以大景深进行表现的题材来说，使用光圈优先模式，并配合较小的光圈设置（通常是 f/8～f/16），就可以很好地控制画面的景深，从而拍摄出前景、背景都清晰的画面，而对一些需要小景深设置来说，也非常方便调整。因此，设置光圈优先模式可以随时拍摄不同景别的自然风光。

⊃ 利用光圈优先模式拍摄大场景的自然风光时，使用广角镜头配合小光圈的应用，可得到前、后景物都很清晰的画面

焦距：24mm　光圈：f/16
快门速度：1/500s　感光度：ISO 100

使用快门优先模式拍摄不同速度的自然风光

在快门优先模式下，可由摄影师选择快门速度，此时相机会自动选择能产生最佳曝光效果的光圈，因而摄影师可以根据拍摄对象的运动速度，选择合适的快门速度进行拍摄。

对于自然风光这种以静态为主的拍摄题材来说，一般很少使用快门优先模式，但其中也不乏特例。例如，在拍摄水流时，常常需要使用低速快门进行拍摄，以将水流拍成丝滑的效果，此时就需要使用快门优先模式进行拍摄。

⊃ 以6秒的快门速度，将流动的海水拍成丝絮状

焦距：17mm　光圈：f/16
快门速度：6s　感光度：ISO 100

使用全手动模式拍摄有创意效果的自然风光

在全手动模式下，快门速度、光圈大小等拍摄参数都由摄影师设定，拍摄者可根据需要设置拍摄参数，从而为其控制画面效果提供自由发挥的空间。

在风光摄影中，常采用此模式拍摄日出、日落等光线较复杂的环境，因为此时的光线变化比较快，而且光比很大，若采用光圈优先、风景等模式，可能需要反复进行测光、锁定曝光、对焦、拍摄这样重复性的工作，其中可能还会反复地修改曝光补偿等参数，因此，使用全手动模式拍摄反而更方便一些，还可根据当时的状况拍出有创意效果的自然风光。

◠ 使用全手动模式
拍摄光线复杂的日
落景象更为方便

焦距：300mm　光圈：f/8
快门速度：1/320s
感光度：ISO 500

5.5 自然风光摄影的曝光控制

利用准确曝光得到影调与色彩较好的风光画面

在拍摄时，只有准确曝光才能使拍摄对象的影调和色彩都得到较好的表现，细节和层次也都能被完整地记录下来。如果曝光不准确，即曝光过度或曝光不足，则会对拍摄对象的表现造成很大的影响。尤其对自然风光摄影这种完全依靠自然光来表现的题材来说，每次拍摄时，由于环境、光线、色温的变化会导致每次拍摄的结果可能都不尽相同，如果因为错误的曝光而错失某个拍摄时机，以后就很难再找到同样的环境进行拍摄了，因此要特别注意曝光控制。

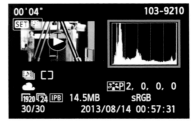

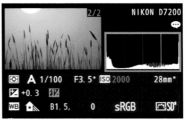

要控制好曝光，除了在拍摄时注意设置好各项曝光参数外，检查拍摄结果也非常重要，如果发现问题，可以及时进行修正，但数码单反相机的显示屏大多不能完全显示出画面的细节，而且还可能会存在一定的亮度差异，导致直观看到的结果也许并不正确，因此我们通常会采用一个更为科学、有效的方法，即通过观察照片的直方图来判断曝光情况。

实拍操作：

默认情况下，当播放照片时，按 ▶ 按钮即可显示直方图。上图为 Canon EOS 70D 相机的柱状图界面，下图为 Nikon D7200 相机的直方图界面。

◡ 在光照比较均匀、明暗反差不大的环境中拍摄时，根据相机的测光数据进行曝光一般都能得到不错的画面效果

焦距: 35mm　光圈: f/11　快门速度: 1/160s　感光度: ISO 400

如何查看直方图

直方图的横轴表示亮度等级（从左至右分别对应黑与白），纵轴表示影像中各种亮度像素的多少，峰值越高也就意味着该亮度的像素数量越多。所以拍摄者可通过观看直方图的显示状态来判断照片的曝光情况，若出现曝光不足或曝光过度，调整曝光参数后再进行拍摄，即可获得一张曝光准确的照片。

当曝光准确时，照片影调较为均匀，且高光、暗部或阴影处均无细节损失，反映在直方图上就是在整个横轴上从最黑的左端到最白的右端都有像素分布。由于右上图画面倾向于低影调，故反映在直方图上为像素向左侧（最暗处）靠拢，后期可调整余地较大。

当曝光不足时，照片上会出现无细节的死黑区域，画面会丧失很多暗部细节层次，反映在直方图上就是像素主要集中于横轴的左侧（最暗处），并出现像素溢出现象，即暗部溢出，而右侧较亮区域少有像素分布，故该照片在后期无法进行补救。

当曝光过度时，照片上会出现死白的区域，画面会丧失很多亮部细节层次，反映在直方图上就是像素主要集中于横轴的右侧端（最亮处），并出现像素溢出现象，即高光溢出，而左侧较暗区域则无像素分布，故该照片在后期也无法进行补救。

◑ 中间隆起，曝光准确

◑ 左高右低，曝光不足

◑ 左低右高，曝光过度

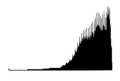

直方图失效的情况

需要注意的是，直方图不是判断曝光合适的唯一标准，在一些特殊的环境中，需要曝光过度或曝光不足才可以得到所需要的画面效果。

例如，拍摄雪景照片时，虽然通过增加曝光补偿拍摄到了洁白的雪景，但其直方图看起来跟曝光过度照片的直方图很像；同样，如果拍摄的是高调照片，其照片的亮度直方图看起来也与曝光过度照片的直方图类似。

同理，在弱光环境中拍摄低调照片时，由于照片大面积都是深暗的颜色，因此其直方图看上去与曝光不足照片的直方图很类似，但这样的照片却是曝光正确的。

因此，在上述环境中拍摄时，利用直方图来判断照片的曝光是否正确是不准确的。

⊙ 拍摄雪景照片时，虽然通过增加曝光补偿拍摄到了洁白的雪景，但其直方图看起来跟曝光过度照片的直方图很像

焦距: 135mm　光圈: f/9
快门速度: 1/500s　感光度: ISO 1000

⊙ 在拍摄黄昏画面时，拍摄出来的照片中存在大面积的深暗颜色，因此其直方图看上去与曝光不足照片的直方图很类似，但这样的照片却是曝光正确的

焦距: 24mm　光圈: f/9　快门速度: 1/500s　感光度: ISO 100

灵活设置白平衡营造不一样的色彩的自然风光

　　简单来说，白平衡就是用于还原拍摄对象真实色彩的，当然，这只是其常规的用法，有些时候使用"错误"的白平衡让画面偏色，反而比准确还原色彩得到的画面效果更好，在风光摄影中尤为如此，可以营造不一样的画面效果，因此建议在拍摄时多做尝试。

　　在风光摄影中，常用的白平衡功能有两种，一种即预设白平衡，另一种是手动调整。下面来分别讲解一下这两种白平衡在风光摄影中的作用。

各种光源的色温值	
光源种类	色温（K）
阴天	6000左右
荧光灯	3200左右
日光	5500左右
闪光灯	6000左右
白炽灯	3000左右

↻ 为了使清晨冷清的感觉更加浓郁，设置了荧光灯白平衡模式，使得画面效果更加偏冷

焦距：27mm　光圈：f/9　快门速度：1/160s　感光度：ISO 400

使用预设白平衡应对不同场景的自然风光

　　预设白平衡是相机提供的针对一些典型拍摄环境的白平衡类型，如阴天白平衡就比较适合在阴天环境下使用，以校正画面偏冷的色调；而如果在拍摄夕阳时"错误"地使用阴天白平衡，则可以得到漂亮的金色，这也是很多摄影爱好者最喜欢使用的

一种表现形式，在拍摄时便于针对不同的场景进行灵活设置。

　　常见的预设白平衡包括自动、阴天、荧光灯、日光、闪光灯、白炽灯等类型，可以根据实际需要进行选择。

↻ 左图是使用白炽灯白平衡拍摄得到的画面，画面整体偏蓝色；右图则是改为荧光灯白平衡后拍摄得到的效果，画面呈现出大面积的紫色，使之看起来更为唯美，色彩也更加吸引人

手动选择色温更精确地调整风光画面色调

当预设白平衡无法满足拍摄需求时，比如无法准确还原色彩，或色彩的感觉不够强烈，则可以通过手选色温的方式更加精准地调整。

尼康中高端相机提供了一个色温值列表，可以在其中选择不同的色温；佳能中高端相机则可以以100K为步长进行调整。

当然，在调整色温时也要注意，如果使用最低或最高的色温值，则容易出现色彩的淤积现象，这样反而会影响画面的表现，因此建议慎重使用。

∩ Canon EOS 70D实拍操作：按$\boxed{Q}$键并使用多功能控制钮选择白平衡，转动主拨盘以选择色温。

∩ Nikon D7200实拍操作：按下?/⌂（WB）按钮，旋转主指令拨盘直至控制面板中显示K，然后再旋转副指令拨盘即可调整色温值。

扫描二维码，跟视频学摄影

↪ 相机设置——Nikon D7200相机设置

扫描二维码，跟视频学摄影

↪ 相机设置——Canon EOS 70D相机设置

➲ 下图是使用默认的阴影白平衡（约相当于使用7500K的色温值）拍摄得到的暖调画面，右图则是采用手选色温的方式并使用8700K色温值拍摄得到的画面，可以看出其暖调效果更为强烈

焦距：400mm 光圈：f/7.1
快门速度：1/800s 感光度：ISO 100

尽量使用低感光度拍摄画面精细的自然风光

对包括自然风光摄影在内的任意题材来说，都建议使用低感光度进行拍摄，以得到较精细的画质。但在弱光环境下，低感光度设置很可能导致快门速度过低而无法手持拍摄，此时应该果断地提高感光度的数值，以保证获得较高的快门速度，避免因快门速度过低而导致画面变虚。

较理想的情况是，使用脚架稳定相机，然后以低感光度、低速快门进行拍摄，以同时满足对画质和曝光的要求。

◖ 为了保证画质及获得充分的曝光，拍摄时采用了ISO 100及1/160s的参数设置

焦距: 28mm　光圈: f/16
快门速度: 1/160s
感光度: ISO 100

115

灵活设置曝光补偿拍摄不同明度的自然风光

对自然风光摄影而言，适当地降低0.3~1挡的曝光补偿，可以让画面的整体色彩显得更浓郁一些，尤其是画面中存在天空时，适当地降低曝光补偿，有利于表现天空

○ 未降低曝光补偿时，画面偏于平淡

当然，在一些特殊拍摄场合或有特殊创作需求时，则可以根据实际情况进行设置。例如拍摄剪影效果时，为了使前景看起来更加纯粹，通常会选择降低曝光补偿；而在拍摄雪景时，由于雪景的反光会让相机的测光系统误以为拍摄对象很明亮，因而拍摄出的雪景都是灰色的，此时就可以适当增加一些曝光补偿。

另外，降低曝光补偿有助于画面中高光区域的表现，使之显示出丰富的细节，如果暗部因此而变得更暗，通常我们还可以通过后期处理的方法将其显现出来，此时暗部可能会显示出或多或少的杂点；如果不减少曝光补偿甚至增加曝光补偿，使暗部获得充分的曝光，则亮部很容易变得一片"死白"，而无法显示出任何细节。因此，权衡利弊，降低曝光补偿是比较适宜的设置方法。

如何判断曝光补偿方向

曝光补偿有正向与负向之分，即增加与减少曝光补偿，最简单的方法就是依据"白加黑减"口诀来判断是做正向还是负向曝光补偿。

"白加"中提到的"白"并不是指单纯的白色，而是泛指一切颜色看上去比较亮

的细节，或者让其表现出更纯净、透彻的蓝色，因此，在面对不同明度的自然风光时可灵活设置曝光补偿。

○ 降低0.7挡曝光补偿后，画面的整体色彩浓郁了很多

焦距: 25mm 光圈: f/8 快门速度: 1/200s 感光度: ISO 1000

的、比较浅的景物，如雪、雾、白云、浅色的墙体、亮黄色的衣服等；同理，"黑减"中提到的"黑"，也并不是单指黑色，而是泛指一切颜色看上去比较暗的、比较深的景物，如夜景、深蓝色的衣服、阴暗的树林、黑胡桃色的木器等。

在拍摄时，若遇到了"白色"的场景，就应该做正向曝光补偿；如果遇到的是"黑色"的场景，就应该做负向曝光补偿。

○ 通过降低曝光补偿，拍摄得到纯粹的剪影效果

焦距: 45mm 光圈: f/9 快门速度: 1/500s 感光度: ISO 1000

如何判断曝光补偿量

如前所述，根据"白加黑减"口诀来判断曝光补偿的方向并非难事，真正让大多数初学者比较迷惑的是，面对不同的拍摄场景应该如何选择曝光补偿量。

实际上，选择曝光补偿量的标准也很简单，就是要根据拍摄场景在画面中的明暗比例来确定。

如果明暗比例为 1：1，则无需做曝光补偿，用评价测光就能够获得准确的曝光。

如果明暗比例为 1：2，应该做 -0.3 挡曝光补偿；如果明暗比例是 2：1，则应该做 +0.3 挡曝光补偿。

如果明暗比例为 1：3，应该做 -0.7 挡曝光补偿；如果明暗比例是 3：1，则应该做 +0.7 挡曝光补偿。

如果明暗比例为 1：4，应该做 -1 挡曝光补偿；如果明暗比例是 4：1，则应该做 +1 挡曝光补偿。

除场景的明暗比例对曝光补偿量有影响外，摄影师的表达意图也对其有明显影响，其中比较典型的是雪景摄影。在拍摄大面积雪景或亮色景物时，如果希望表现其亮丽、洁净的色彩，可以在正常曝光的基础上再增加 0.3~0.7 挡的曝光补偿。

而在拍摄夜景或建筑时，则可以在正常曝光的基础上减少 0.3~1 挡的曝光补偿，以突出夜景暗夜的氛围及建筑的稳重感。

♪ **明暗比例为 2：1 的场景**

♪ **明暗比例为 1：3 的场景**

焦距：36mm 光圈：f/18 快门速度：1/12s 感光度：ISO 100

利用曝光锁定拍摄复杂光线下的自然风光

当采用中央重点（平均）测光或点测光模式时，如果在测光完成后重新构图，则测光结果也会随之发生变化，如果希望按照某个特定区域的测光结果进行拍摄，那么在测光完成后就要将其锁定。

对于尼康相机而言，可以按下 AE-L/AF-L 按钮，默认情况下，可以同时锁定对焦及测光数据。若想改变锁定的对象，如仅锁定曝光或仅锁定对焦等，重新指定此按钮的功能即可。

对于佳能相机而言，按下机身上的自动曝光锁按钮✱，即可锁定当前的曝光。

曝光锁定功能的方便之处在于，即使我们松开半按快门的手，重新进行对焦、构图，只要按住曝光锁定按钮，那么相机还是会以刚才记录下的曝光参数进行曝光。

在拍摄光线复杂的风景时，如日出、日落、逆光下的海面时常需要锁定曝光。

↻ Canon EOS 70D曝光锁定按钮示意图

↻ Nikon D7200曝光锁定按钮示意图

曝光锁定的具体操作方法如下。

（1）对准选定区域进行测光，如果该区域在画面中所占比例很小，则应靠近拍摄对象体，使其充满取景器的中间区域。

（2）半按快门，此时在取景器中可以获得一组光圈和快门速度组合数据。

（3）释放快门，然后按住曝光锁定按钮，相机就会记住刚刚得到的曝光值。

（4）重新取景构图，完全按下快门即可完成拍摄。

⊙ 天空中的云层变化莫测，光线也比较复杂，摄影师选择了云层的中灰部分进行曝光锁定，使其在画面中表现得较为细腻，另使用较慢的快门速度将前景的海水拍出流动的效果，画面更加耐人寻味

焦距: 35mm 光圈: f/9 快门速度: 1s 感光度: ISO 100

使用包围曝光在光线难把握的情况下可提高成功率

　　简单来说，包围曝光就是以当前设定的曝光量为基础，拍摄 2~3 张甚至更多张的照片，以获得不同曝光效果的照片。每一张照片的曝光量具体相差多少，可由摄影师自己确定。

　　自然风光摄影使用的光线都是自然光，而自然光又有着很强的不可控性，因此在一些特殊的光线条件下，如果光线环境很复杂，或拍摄的时间很短暂，为了避免曝光不准确而失去珍贵的拍摄机会，可以采用包围曝光法进行拍摄。

　　在拍摄时，针对同一场景连续拍摄 3 张曝光量略有差异的照片，在这 3 张照片中总会有一张是曝光相对准确的照片，因此使用包围曝光能够提高拍摄的成功率。

　　对尼康 D90/D7200 等中高端相机来说，按下 BKT 按钮转动主指令拨盘可以调整拍摄的张数；转动副指令拨盘可以调整包围曝光的范围。对尼康 D5200 等入门级机型而言，可在（机背的）显示屏中选择 BKT 选项进行设置。

　　对 Canon EOS 70D 来说，可以在"拍摄菜单 3"中选择"曝光补偿/AEB"选项，然后转动主拨盘设置包围曝光的范围。

⊙ Nikon D7200 可在显示屏上进行包围曝光设置

⊙ Canon EOS 70D 自动包围曝光设置

⊙ 正常和降低曝光补偿时，画面的效果都不尽如人意

⊙ 通过包围曝光拍摄得到的曝光正常、曝光不足及曝光过度的3幅照片，最后发现增加曝光补偿的这张照片最为满意

焦距：11mm　光圈：f/22　快门速度：2s　感光度：ISO 200

119

使用包围曝光拍摄的照片合成为HDR图像

HDR是在风景、建筑等题材中非常流行的一种照片形式，其全称为High-Dynamic Range，即高动态范围，其原理是分别针对画面的暗部、亮部以及中间调区域拍摄3张不同的照片，使各部分均呈现较好的细节，然后通过HDR合成技术将它们合成在一起，实现在一张照片中清晰显示图像暗部、亮部及中间调区域的目标。

在Photoshop中合成HDR照片的操作步骤如下。

（1）启动Photoshop软件，打开要进行HDR合成的3幅照片。在本例中，选择上一小节中使用包围曝光拍摄的3张照片进行HDR合成。

（2）选择"文件"|"自动"|"合并到HDR Pro"命令，在弹出的对话框中单击"添加打开的文件"按钮，将第1步中打开的3幅照片添加至此对话框的文件列表中。

（3）单击"确定"按钮退出对话框，即可在接下来弹出的"合并到HDR Pro"对话框中设置合成参数。若此命令无法识别当前照片的参数，将弹出"手动设置曝光值"对话框，此时需要分别为3张照片指定曝光补偿值。

（4）根据需要在对话框中设置"半径""强度"等参数，单击"确定"按钮即可完成HDR合成。

⊙ 在"合并到HDR Pro"对话框中设置的合成参数

⟳ 通过HDR合成得到的高动态、高饱和度的画面效果

120

5.6　自然风光摄影的景深控制

景深与光圈、焦距以及拍摄距离这 3 个要素有关，对自然风光摄影而言，由于景物之间的距离完全不受我们的控制，因此只能够通过缩小光圈与使用广角镜头的方式增大景深，光圈越小、焦距越短，则得到的景深越大。但要注意拍摄时也不能使用过小的光圈，否则会由于光线的衍射效应导致画面的画质下降。

在实际拍摄时，建议不要使用过小的光圈，以免画面质量下降太多，通常建议使用 f/8～f/16 的光圈值即可；选择的焦距越短，则越容易产生畸变问题，因此也应该根据镜头的特性选择恰当的广角焦距。

☾ 利用广角镜头并配合小光圈的运用，得到视野很宽的大景深画面

焦距: 24mm　光圈: f/18
快门速度: 1.3s
感光度: ISO 100

121

5.7　自然风光摄影常用画幅类型

利用竖画幅表现纵深与高大的风光场景

　　竖画幅构图是常用的构图形式，拍摄高山、飞瀑等照片时多用竖画幅，以表现主体高大、挺拔之势。如果偏爱拍摄竖画幅照片的话，可以为相机配一个竖拍手柄，这样会使拍摄更舒服一些。

　　另外，竖画幅可以容纳更多的前景景物，可以充分利用这一点来增加画面的纵深感。

● 使用竖画幅构图表现
树木竖直的线条感

焦距: 24mm
光圈: f/11
快门速度: 2.5s
感光度: ISO 100

122

利用横画幅表现宽广的风光场景

　　无论是从人们的视觉习惯，还是从拍摄的便利性（横向比竖向更容易持机），横画幅都是人们最常使用的画幅形式。

　　同时，横画幅构图给人以自然、舒适、平和、宽广、稳定的视觉感受，尤其适合表现水平方向上的运动、宽阔的视野等。

　　在表现景物全貌时，横画幅比竖画幅更有气势，场面更宏伟。

◐ 可以利用横画幅表现大海的宽广、辽阔

焦距：70mm
光圈：f/16
快门速度：4s
感光度：ISO 100

利用超宽画幅表现开阔视野的全景风光场景

　　超宽画幅是指在保持一定画面高度的情况下，能够在水平方向上实现非常开阔视觉效果的画幅形式，比常见的横画幅要宽出许多，常用于自然风光摄影中，用来表现景物的整体画面，因此又被称为全景图。

　　对数码单反相机而言，超宽画幅照片是无法直接拍摄完成的，通常都是在保持相同高度的视角、相同曝光参数的情况下，在水平方向上移动相机连续拍摄多张照片，最后通过后期处理软件进行合成获得的，比如使用Photoshop中的"合并至HDR Pro"命令。

◑ 超宽画幅可表现非常宽阔的视觉效果，通常画面感觉很有气势

5.8　自然风光摄影构图中的画面元素

用单点作为主体得到简洁的风光画面

在拍摄环境较为简洁时，在画面中安排一个单点元素，可以更加突出画面的意境，整个画面给人简洁、视觉突出的感受。

⊃ 安静祥和的海面上，一艘游船成为整个画面的焦点，在强化整体视觉的同时，也使画面显得很简洁

焦距：100mm　光圈：f/7.1　快门速度：1/125s
感光度：ISO 200

用多点形式丰富风光画面

将多个点安排在画面中，可以起到丰富画面整体的作用。要注意的是，多个点的大小、远近、形态等，应错落有致，从而使画面变得丰富，而非杂乱。

⌒ 前景中大小不一的石块，使画面元素显得更加丰富

焦距：30mm　光圈：f/8　快门速度：1/100s　感光度：ISO 100

摄影构图中点的经营

　　在实际拍摄时，会有很多具有点的性质的对象出现在画面中，在位置安排上既要统一又要有所变化，数量的多少依内容而定，从而在深刻表达主题的同时增强画面的视觉冲击力和形式美感。

⟳ 当画面中只有一个点时，这个点要能够集中观看者的视线，并且要能根据拍摄者的意图来表现不同的视觉感受

焦距：270mm　光圈：f/6.3
快门速度：1/1000s
感光度：ISO 100

⟳ 当画面中具有多个点时，在拍摄时要安排好点的排列、疏密等关系，使其在画面中形成一定的韵律，切忌点的安排过于繁多、杂乱

焦距：120mm　光圈：f/9
快门速度：1/800s
感光度：ISO 100

⟳ 当遇到画面中充满点的时候，视觉会被极大的分散，所以这些点的内容、形态或主题应该有一定的联系，避免人们产生主动去"阅读"每个点的欲望，这样只会让画面失去视觉中心，而变得杂乱

焦距：100mm　光圈：f/2.8
快门速度：1/250s
感光度：ISO 200

用走向趋势的线条引导视觉来突出画面主体

画面中线条的走向，影响着人们观看照片时的视觉流程，充分利用这一点，对于表达主题、引导观众浏览视觉焦点有重要意义。在自然风景摄影中，通常利用桥梁、道路等作为画面的视觉导向，可以起到引导视觉走向的作用，并突出画面的主体。

⚫ 利用通向水面深处的石桥作为前景，牵引观者视线看向远方的同时，也增加了画面的延伸感

焦距: 14mm 光圈: f/7.1 快门速度: 10s 感光度: ISO 100

用多种线条分割得到区域分明的画面

任何形态的线条，当它们发生相互交错时，就具备了分割画面的功能。充分利用这样的功能，可以通过分割的方式，让画面更具意境，区域更分明。通常树木的枝干和简洁的建筑都能形成这样的视觉效果。

⟳ 弧形的河岸，将画面分割成为两大部分

焦距: 100mm 光圈: f/16 快门速度: 1/100s
感光度: ISO 200

用放射状线条制造透视感加强画面纵深感

通过恰当的构图，就可以使简单的线条形成强烈的透视牵引效果，充分利用线条的这一特点，可以使画面的空间感和纵深感大大增强。

↻ 指向远方的斜线条，增加了画面整体的透视感

焦距：80mm　光圈：f/9　快门速度：1/125s
感光度：ISO 200

寻找线条的 6 个方法

图像都由线条构成。色调平衡对比固然重要，但任何吸引眼球的风景都跟线条有关。地平线、山峦轮廓、波浪、阴影、曲线、直线、单线条、多线条及美妙的流动线条都能在各种各样的图案和纹理中找到。有时候，线条就是我们兴趣所在；而有时候，线条作为一个整体，吸引我们去观赏风景的其他部分。

或曲线，都是值得摄影师仔细观察并捕捉的拍摄题材。

寻找有形的线条——建筑物的线条

建筑，无论是现代建筑还是古代建筑，很多都具有比较鲜明的线条感，无论直线

↻ 借助建筑本身的线条构图，形成一定弧度的曲线构图，画面更具形式美感

焦距：17mm　光圈：f/16　快门速度：1/125s　感光度：ISO 100

寻找有形的线条——植物

植物也是一类具有明显线条感的拍摄题材，尤其是细小的枝条、冬天干枯的树枝等，都可作为表现线条的对象加以拍摄。

这类拍摄题材的线条本身比较纤细，很容易被杂乱的背景所湮没，因此在拍摄时，应尽可能选择简洁的背景，或使用浅景深将线条以外的区域尽可能虚化掉，使得主体足够突出。

例如，树叶的侧面、抽出的枝条、挂着白雪的干枯树枝、嫩绿卷曲的藤干等，都具有优美的线条，因此配合大光圈对背景进行虚化，就能够在前景中突出展现极为精致的线条。

⊃ 拍摄植物盘旋向上生长的垂直线，这样的画面带给人生机勃勃的感觉

焦距：200mm 光圈：f/3.5 快门速度：1/1250s
感光度：ISO 100

寻找有形的线条——山脉

关于提炼山脉的线条与提炼建筑的线条有着极大的相似之处，与建筑线条的相对规则相比，山脉的线条更加随意，更充满自然的韵味。即使是没有棱角的山脉，在合适的光线下一样能够提炼出精彩的线条。

⊃ 长焦镜头拍摄山峰顶部，三角形构图使大山显得更雄伟、巍峨

焦距：200mm 光圈：f/20 快门速度：1/250s
感光度：ISO 100

寻找有形的线条——道路、桥梁

道路、桥梁是比较常见的风光拍摄题材，不同的道路、桥梁形成的线条也各不相同，在拍摄时可注意突出其特点进行表现。

例如，可以拍摄纵横于田间的小道，使其成为分割画面的线条，而将田间劳动的人物作为画面的点睛之笔，使画面更具有生气。

◠ 前景三角形构图使画面更稳定，同时形成牵引线条引导观者视线至远景，远景的曲线构图使画面更具动感

焦距：45mm
光圈：f/10
快门速度：1/160s
感光度：ISO 100

寻找有形的线条——自然地貌

大自然的地貌千变万化，由于地理位置、生态环境等诸多原因，呈现出千奇百怪的景象。例如，中国的九寨沟、黄龙、魔

鬼城，美国的羚羊谷、黄石国家公园，这样的地貌都能够呈现各种各样不同的线条。

◠ 利用明暗对比的方法拍摄羚羊山谷，可看出画面线条感明显

焦距：30mm
光圈：f/9
快门速度：1/100s
感光度：ISO 100

寻找有形的线条——光线

光线也是一类比较常见的线条，无论是自然光线，或者是人工光线，都是非常不错的表现对象。例如，可以使用广角镜头捕捉完美的半圆形彩虹线条，给人以美好的憧憬。通过慢速快门拍摄得到的车灯拖尾效果，形成了具有明确方向感的线条——这也是通过技术手段创造线条的一个典范。

⌒ 阳光透过树林形成的线条为画面增添了神秘的色彩

焦距: 45mm　光圈: f/5.6　快门速度: 15s　感光度: ISO 100

线条的类型

线条可能自己就能以某种方式凸显出来，如轮廓；线条也可能是照片中某个对象的有机组成。有的线条完全一团混乱，看起来十分抽象；而有的线条本身就组成赏心悦目的图案；还有的线条是想象出来的，直到曝光拍摄后才看出来。曝光时间足够长时，流水在水流中也会显出很多线条，可我们肉眼注视水面时却看不到这些线条。对着任何运动中的物体延长曝光，都能产生线条，这些线条却只能在照片上看到，所以在构图拍摄时需要想象力。线条的类型主要有以下两种：

显性线条，显性线条是指拍摄对象本身所具有的线条。显性线条具有存在的稳定性和视觉上的直观性，易于掌握，可供摄影者长时间地选择、构思和运用。

隐性线条，隐性线条是指在一定外因作用下才会出现的线条，比如倒影、光线，或是利用快门速度提炼出的线条等。

⌒ 长时间曝光使车流拖尾形成光轨效果，S形构图使画面更具动感

焦距: 45mm　光圈: f/7.1　快门速度: 1/50s　感光度: ISO 100

⌒ 长树木本身是垂直的，低角度拍摄可以使树木的垂直效果更明显，结合道路的三角形构图使画面更具稳定性

焦距: 24mm　光圈: f/10　快门速度: 1/320s　感光度: ISO 100

用不同的面构成色块分明的画面

面在摄影中可以作为元素的载体或画面的主体出现，而面的形成则可以依据线条或色彩进行划分，划分后的画面呈现出不同色块面的形式，色块分明的面在画面中具有不同的视觉倾向和视觉感受。在自然风光摄影中，大面积单色的地方都可形成画面中的面，例如，天空、海面、大地等。

◐ 画面分别由海岸、海水及天空 3 个面组成，呈现出不同的质感与色彩，画面具有很强的空间感

焦距：85mm　光圈：f/5.6　快门速度：1/640s
感光度：ISO 200

摄影构图中点、线、面的综合运用

对摄影构图而言，点、线、面都不是只能单独存在的，甚至有人曾说：一幅照片就应该是点、线、面三者同时存在，只有这样才是一幅完整的构图。且不讨论这种说法是否正确，但在一个画面中，确实常常涉及三者的综合运用，此时，只有使它们相互协调、相互平衡，才能够获得最佳的构图效果。

◐ 天空中射下的光线在大面积天空的衬托下非常明显，金色的画面看起来非常祥和，而海面上以点形式出现的人则打破了这份宁静，避免了画面单调、无趣

焦距：23mm
光圈：f/16
快门速度：1/250s
感光度：ISO 100

5.9　自然风光摄影构图中的主体、陪体与环境

利用主体突出画面的主题思想

在一幅照片中，主体不单承担着吸引观者视线的作用，同时也是表现照片主题含义最重要的部分，而主体以外的元素，则应该是围绕着主体展开，作为突出主体或表现主题的陪衬。

在自然风光摄影中，主体的形式千变万化，小到一朵云、一块岩石等，大到满天的云彩、澎湃的海水、平静的湖面等都可以成为主体，甚至可以是一个抽象的对象，

而在构成上，点、线与面也都可以成为画面的主体。

对于画面中的主体，我们要想尽一切办法突出它，从而更好、更直接地表现画面的主题。要突出主体，可以采用对比的手法，比如选择简洁的背景，通常能够很好地突出主体；再如色彩、明暗、动静、虚实等对比，都能很好地突出主体。

⋒ 利用夕阳时分独特的色彩，配合白平衡的设置，使画面呈现出冷与暖的色彩对比，更突出了画面中的云彩及其在水中的倒影

焦距: 24mm　光圈: f/7.1　快门速度: 20s　感光度: ISO 200

⋑ 利用山间的雾气作为掩盖，建筑与云彩之间呈现出强烈的明暗对比，使得建筑在画面中显得很突出

焦距: 20mm　光圈: f/9　快门速度: 1/2s　感光度: ISO 100

利用陪体衬托画面的主体

陪体在画面中并非必须，但恰当地运用陪体可以让画面元素更为丰富，并渲染出不同的气氛，对主体起到解释、限定、说明、衬托的作用，有利于传达画面的主题。

例如在拍摄山景时，就可以利用周围的树木美化画面；在表现湖泊时，则可利用倒影来丰富画面元素。

◎ 拍摄山景时，为了避免画面单调，通常利用前景丰富画面

焦距：185mm　光圈：f/11
快门速度：1/2s　感光度：ISO 100

◑ 以近景中的小桥作为陪体，突出了画面整体的空间纵深感，并起到对远方主体的视觉引导作用

焦距：24mm　光圈：f/8　快门速度：8s　感光度：ISO 100

利用环境营造画面的气氛

我们通常所说的环境，就是指照片的拍摄时间、地点等。而从广义来说，环境又可以理解为社会类型、民族以及文化传统等，无论是哪种层面的环境因素，主要都是用于烘托主题，进一步强化主题思想的表达，丰富画面的层次，并营造画面气氛。

相对于主体来说，位于其前面的即可理解为前景，而位于主体后面的则称为背景。从作用上来说，它们是基本相同的，都用于陪衬主体或表明主体所处的环境。

只不过我们通常都是采用背景作为表现环境的载体，而采用前景的时候则相对较少。

需要注意的是，无论是前景还是背景，都应该尽量简洁——简洁并非简单，前景或背景的元素可以很多，但不可杂乱无章，影响主体的表现。表现山景或水景时常采用此构图方式。

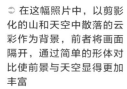
⊃ 前景和背景的运用使画面看起来很有空间感

焦距: 11mm
光圈: f/6.3
快门速度: 1/160s
感光度: ISO 100

⊃ 在这幅照片中，以剪影化的山和天空中散落的云彩作为背景，前者将画面隔开，通过简单的形体对比使前景与天空显得更加丰富

焦距: 175mm
光圈: f/7.1
快门速度: 1/1000s
感光度: ISO 400

5.10　利用留白使画面气韵生动

古人在绘画构图中非常讲究空白区域的作用，"虚实相生，无画处皆成妙境""画留三分空，生气随之发"就是对此的总结与描述。一幅画面如果无空白处，则显得沉闷，好似房屋没有窗户，气韵难以流通，恰到好处的留白才可以使画面气韵生动。

在此需要强调的是，空白不一定是纯白或纯黑，只要色调相近、影调单一、从属于衬托画面实体形象的部分，如风光摄影中常拍摄的天空、草地、雪地、云海、雾气、长焦虚化的背景物等，都可称为空白。

拍摄时要注意把握空白与实体部分之间的比例，避免画面太空或太散的现象出现，一般应将比例控制在 6∶4 至 1∶9 之间，不能使画面过空，也不能造成均分画面的分割感。

另外，画面中的空白处也并非真空，一些细小的变化或细部的层次点缀往往能起到"破"的作用。如拍大面积的天空需要云的点缀，拍大面积的水需要小舟、波纹等的点缀。

扫描二维码，跟视频学摄影

↻ 摄影学习理论——功夫在诗外

☊ 利用大面积的留白表现冬季的雪原，画面不仅没有空白感，反而将冬季冷清、寂静的感觉表现得很好

焦距: 175mm　光圈: f/16　快门速度: 1/200s　感光度: ISO 100

5.11 自然风光摄影常用构图形式

摄影是一种主观的、有选择性的艺术创作行为，但仍然有一些客观存在的艺术创作规律，如果在创作中能够熟练运用这些创作规律，创作出优秀照片的概率就会大大提高，这就是本节要重点讲解的经典构图形式。

需要指出的是，虽然在学习后可以掌握若干种构图形式，但在创作中仍然不能像用数学公式一样生搬硬套，这正是摄影创作主观性的表现。因此，针对同样的场景，不同的摄影师就会因为着眼点不同而使用不同的构图形式，自然创作出的摄影作品也不同。

用三分法构图获得自然和谐的画面

在风光摄影构图实践中，将画面三等分，然后将要表现的主体或分割线（如地平线）等元素置于画面的三分线上，可以避免对称平分的画面给人呆板感，使画面看起来自然和谐，从而呈现出开放和舒服的视觉表达效果。

⊙ 将地平线置于顶部的水平分割线附近，画面显得很自然，视觉上会感觉很舒服

焦距：150mm 光圈：f/10 快门速度：1/12s 感光度：ISO 200

用水平线构图增加画面水平方向的延伸感

水平线构图能使画面向左右方向产生视觉延伸感，增加画面的视觉张力，给人以宽阔、安宁、稳定的感觉。在拍摄时可根据实际拍摄对象的具体情况安排、处理画面的水平线位置。

如果天空较为平淡，可将水平线安排在画面的上三分之一处位置，着重表现画面下半部的景象，此时可以充分利用前景元素，增加画面的纵深感；反之，如果天空中有变化莫测、层次丰富的云彩，或想突出画面整体的空旷感，可将水平线置于画面的下三分之一位置，以重点表现天空的细节。

◐ 水平线位于画面的下方，对大面积的天空进行留白处理，突出画面整体静谧、空旷的视觉感受

焦距：128mm　光圈：f/22
快门速度：8s　感光度：ISO 100

◐ 将水平线置于画面上方，赋予画面稳定感的同时，大面积的前景元素增强了画面的纵深感

焦距：100mm　光圈：f/8
快门速度：1/2s　感光度：ISO 100

除此之外，摄影师还可以将水平线放置在画面的中间位置上，以均衡对称的画面形式呈现开阔、宁静的画面效果，此时地面或水面与天空各占画面的一半，只是这种构图方法容易给人呆板的感觉，因此需要精心安排画面元素。

用斜线构图使画面更具动感

斜线构图能使画面产生动感，并沿着斜线的两端方向产生视觉延伸，从而加强画面的纵深感。另外，斜线构图打破了与画面边框相平行的均衡形式，因其产生势差，从而使斜线部分在画面中被突出和强调。在表现山谷、坡地、单枝花卉时，常采用斜线构图形式。

在拍摄时，摄影师可以根据实际情况，刻意将视觉上需要被延伸或者被强调的拍摄对象，处理成为画面中的斜线元素加以呈现，例如倾斜相机就是常采用的拍摄方式。

⊃ 拍摄时我们总是习惯性地平拿相机，这样拍摄出来的景物有时会平淡无奇，稍微倾斜下角度，画面就会活泼很多

焦距：180mm 光圈：f/9 快门速度：1/125s
感光度：ISO 320

用曲线构图增加画面的韵律感

曲线具有优美、富于变化的视觉特征，曲线构图可以增加画面的韵律感，给人柔美的视觉感受。在拍摄河流、道路时，摄影师经常使用S形曲线构图，使画面显得更加活泼。

扫描二维码，跟视频学摄影

⊃ 构图形式——曲线构图讲解

⊃ 拍摄道路时，曲线构图是使用最多的构图方式，以体现出道路蜿蜒曲折的前进感和延伸感

焦距：35mm 光圈：f/14 快门速度：1/250s
感光度：ISO 20

用对称式构图使画面更具协调感

对称式构图通常是指画面中心轴两侧有相同或者视觉等量的被摄物，使画面在视觉上保持相对均衡，从而产生一种庄重、稳定的协调感、秩序感和平稳感。适合使用这种构图形式的题材有很多，例如对称的建筑、植物等。

在拍摄水景时，将水面倒影纳入画面中，以其与水面的交界线作为画面的中轴线进行对称取景，从而得到平衡感较强的对称式构图，这是对称式构图的典型应用。

⚲ 采用倒影形成对称式构图，画面感觉很平稳、协调

焦距：17mm　光圈：f/22　快门速度：1/50s　感光度：ISO 400

用透视牵引构图引导观者在画面上的视线

透视牵引构图能将观者的视线及注意力有效牵引、聚集在整个画面中的某个点或线上，形成一个视觉中心。它不仅对视线具有引导作用，而且还可大大加强画面的视觉延伸效果，增加画面的空间感。

画面中相交的透视线条所形成的角度越大，画面的视觉空间效果则越显著。因此，在拍摄时摄影师所选择的镜头、拍摄角度等都会对画面透视效果产生相应的影响，例如，镜头视角越广，则纳入画面的前景就越多，从而可获得更大的画面空间深度。透视牵引线构图常用于桥梁、道路等题材。

⚲ 为吸引观者目光，常使用线条作为视觉导向

焦距：17mm　光圈：f/8　快门速度：1/50s　感光度：ISO 100

扫描二维码，跟视频学摄影

⚲ 构图形式——透视牵引
线构图讲解

用框式构图突出画面的视觉中心

框式构图是借助于拍摄对象自身或者拍摄对象周围的元素，在画面中制造出框形的构图样式，以利于将观者的视点"框"在主体上，使之得到观者的特别关注。

框式构图特别适用于表现一种观察感，能使观者切身感受到自己仿佛就置身于"框"的一侧向另一侧观看，而且还能够在画面中交代更多的环境层次关系，产生一种画中有画的感觉，可以在很大程度上起到丰富画面视觉层次，突出视觉中心。

⊃ 利用周围的环境构成框式构图，既可以美化画面，又可以集中观者的视线

焦距：25mm 光圈：f/8 快门速度：1/125s 感光度：ISO 100

用三角形构图营造画面稳定感

三角形形态能够带给人向上的突破感与稳定感，将其应用到构图中，会给画面带来稳定、安全、简洁、大气之感。在着重表现高大的三角形对象时，更能体现出其磅礴的气势，是拍摄山峰常用的构图手法。

◑ 拍摄山脉通常使用三角构图，可以突出山的稳定感

焦距：240mm 光圈：f/8 快门速度：1/50s 感光度：ISO 400

扫描二维码，跟视频学摄影

◑ 构图形式——三角形构图讲解

5.12 自然风光摄影典型光线

自然界中存在着多种不同的光线，通过不同光线照射在物体上会形成不同的光影以及产生不同的色彩变化，从而使画面内容更加丰富，也更有意境。

利用侧光拍摄风光可更好地表现立体感

采用侧光拍摄风光时，画面中的景象如山峦、岩石等，都有较为明显的受光面、过渡面与背光面，形成明暗对比，使画面呈现出较强的立体感与丰富的影调层次。

侧光可使画面产生明显的阴影，可以突出山峰的立体感

焦距：23mm　光圈：f/8　快门速度：1/250s　感光度：ISO 100

清晨时采用侧光拍摄，建筑有很强的立体感

焦距：17mm　光圈：f/11　快门速度：8s　感光度：ISO 100

利用逆光拍摄风光可形成剪影效果的画面

逆光下拍摄的自然风光照片大部分为剪影效果，这些照片不仅可以强调拍摄对象独特的形体轮廓，还可以增强整个画面的艺术美感，呈现出独具构图美的画面效果。

在拍摄时，多以日出或黄昏时段五彩而又多变的天空为背景填充画面色彩，将地面上的树木、建筑、山峦等以剪影形式表现出来，不但可以丰富画面视觉，还能增加画面的感染力。

若环境中的光线比较充足，也可以呈现出较好的画面细节，尤其在太阳刚刚下山或马上要升起时，即使仍然采用逆光拍摄，但由于太阳的光线映射在云彩、天空中，呈现出很好的漫射光，使得环境能够显示出较多的细节，也有利于表现画面的细节与立体感。

○ 利用逆光可拍出剪影效果，选择拍摄对象时应注意选择具有形体美的物体

焦距: 24mm   光圈: f/7.1   快门速度: 1/500s   感光度: ISO 200

○ 使用点测光对天空处测光，得到漂亮的剪影效果画面

焦距: 220mm   光圈: f/711   快门速度: 1/800s   感光度: ISO 100

5.13　自然风光摄影中各时段光影特性

利用晨曦的光线拍摄清爽的画面

晨光就是指清晨的阳光，即太阳刚刚升起的光线。晨光既可作为低角度逆光使用，也可以作为低顺光或低侧光使用。这种光线的特点是照射角度低，反光少而弱，色彩较柔和。

在清晨拍摄自然风光时，天气的选择非常重要。如果在雨水多、湿度大的天气拍摄，可能会由于晨雾而使周围环境呈现为灰蒙蒙的一片，在这样的天气拍摄根本无法表现出晨光的特点。当然，清晨的天空中可能会出现朝霞，这是出风光大片的天气。

早晨的太阳因为照度较高，所以地面上的景物清晰明亮，可以拍到比较清爽的画面。此外还需注意，与日落相比，日出时间更短，因此应抓紧时间拍摄，以免错过拍摄良机。

⊙ 利用放射状的光线表现出晨曦欣欣向荣的气氛

焦距：23mm　光圈：f/5.6　快门速度：1/320s　感光度：ISO 100

利用上午的光线拍摄明朗的画面

上午的光线不管是角度还是照度，都适合拍摄对色彩还原要求较高的题材，此时的光线照度较高，会为景物赋予准确的色彩。

此时太阳作为光源，其色温约为4800K～5200K，晴天时的能见度较高，可以拍出很细腻的小景深画面，而且画面通常会很明朗，因此适合拍摄自然风光题材，如大海、远山、花海等。

⊂ 利用上午的光线较准确地还原出了景物的色彩，突出呈现了湛蓝的天空及受其色彩映射的蓝绿色的水面

焦距：18mm　光圈：f/16　快门速度：1/250s
感光度：ISO 100

143

利用中午的光线拍摄明快的画面

中午时段的阳光照射最为强烈，可拍出明暗对比强烈的明朗画面，但是由于较大的光比会使画面成像效果难于控制，而且此时的光线为顶光，极易造成拍摄对象的层次缺失。当然，如果是在有云彩的情况下，光线被有效过滤、遮挡与散射，效果会好一些，此时光照强度有所变弱，光比也随之变小，更适合表现景物的细节。

⊃ **中午太阳的高度最高，拍出照片中树木的影子很短**

焦距：24mm 　光圈：f/11
快门速度：1/250s 　感光度：ISO 100

利用下午的光线拍摄柔和的画面

下午的阳光让人感到柔和舒适，光线相对于正午变得更加柔和，适合各种景物的拍摄，拍摄出的作品也同样给人一种温暖、柔和的感觉。

⋔ **下午的光线偏暖，画面有种静谧的感觉**

焦距：55mm 　光圈：f/11 　快门速度：1/50s 　感光度：ISO 200

利用黄昏的光线拍摄温馨的画面

黄昏的光线色彩偏于暖调，落日、晚霞都等属于暖色调画面。此时进行拍摄，往往能够得到很有色彩张力的温馨色调作品。

在黄昏时分，如果太阳在云中，在光线的直接照射下，会出现霞光万丈的美景，甚至还可以在云彩的周围形成金色的亮边。由于春、秋两季的云层较多、较厚，因此相对而言更适合拍摄带有云彩的景象。

↻ 晴朗的天气下，空气较为通透，配合阴影白平衡的设置，获得具有强烈暖调效果的剪影作品

焦距: 200mm　光圈: f/8　快门速度: 1/2000s　感光度: ISO 400

利用夜间的光线拍摄梦幻的画面

在夜间拍摄时，因为可以运用的自然光微乎其微，很多情况下月光只能作为一个拍摄对象出现在画面上，在夜间拍摄时，可设置大光圈将光源都虚化成梦幻的大光圈，营造一种浪漫、梦幻的画面效果。由于夜间光线较少，所以夜间拍摄时，需要使用三角架来辅助，以保证相机的稳定，得到清晰的画面。

↻ 设置大光圈得到光斑效果的夜景画面，看起来很梦幻、唯美

焦距: 50mm　光圈: f/1.8　快门速度: 1/100s　感光度: ISO 400

CHAPTER 6

山景摄影技法
21例

6.1　山景摄影的准备工作

根据山景的远近选择适宜的镜头

　　拍摄山景时，可以根据所拍山的远近来选择适宜的镜头。例如，要爬到高处拍摄远方的山，那么一支中长焦镜头是必备的；若是一边爬山一边拍山，或者拍摄峡谷这种较近的对象，那么一支兼顾广角与中焦、中长焦的标准镜头则是比较好的选择。

⌒ 佳能EF　35mm　F1.4 L

可稳定相机又能辅助爬山的独脚架

　　在山中拍摄时，如果光线不是太差，那么使用独脚架就可以基本满足拍摄要求，使用2s或更高的快门速度拍摄，能够保证很高的成功率，而且在爬山的时候还可以当登山杖使用。

⌒ 便携的独脚架　　　⌒ 双肩摄影包利于在爬山
　　　　　　　　　　　　时释放双手

可释放双手的双肩背包

　　在爬山时最好使用双肩摄影包，这样背起来会比较方便，在走长路时也可减少肩部的疲劳，更主要的是在险峻的地方能够腾出双手，以保证摄影师的安全。由于山区的天气多变，因此必须使用具有防水功能的摄影包。另外，出行前还要检查摄影包的背带是否结实，相机电池的电力是否充足，并根据行程准备备用电池。

选择视野开阔的拍摄地点

　　在拍摄山景时，拍摄位置的选择很重要，一般要选择地势较高的地方。如果在山腰或者谷底拍摄，则很难展现山川的全貌，也会常常由于透视的关系，使原本峻峭的山峰显得既不陡也不峭。若选择在山顶上拍摄，可以感受到整座山的雄伟气势，广角镜头下的画面总会让人联想到"会当凌绝顶，一览众山小"的诗句。

⌒ 开阔的视野使画面看起来很有气势

焦距：18mm　　光圈：f/16　　快门速度：1/60s　　感光度：ISO 100

6.2　山景摄影的曝光技巧

以地面为主采用包围曝光方式拍摄山景

　　在拍摄以地面景色为主、天空云彩作为陪衬的画面时，最好采用矩阵/评价测光模式，并以包围曝光的方式多拍几张，避免出现天空或云彩全白、层次尽失，或者地面死黑一片的情况。另外，也可以使用RAW格式拍摄，以方便后期调整曝光，从而获得细节更加细腻、丰富的画面。

⊃ 拍摄以地面景色为主的画面时，最好采用评价或矩阵测光，并以包围曝光的方式多拍几张，以保证曝光的准确性

焦距：18mm　光圈：f/14
快门速度：1/50s
感光度：ISO 400

以天空为主测光增加曝光补偿拍摄山景

　　拍摄山景时，若画面中存在大面积的天空，则要以天空为测光的依据，并适当降低曝光补偿，这样可以得到色彩较好的天空。如起伏的远山、静静的长河，以这些元素的轮廓、线条和影调作为陪衬，从而更好地烘托出天空的纯净质感。

　　这种测光方式可能使地面的景物因曝光不足而偏暗，因此，构图时要选择地面有特点的景物，比

⊃ 对天空进行测光并适当降低曝光补偿，这样云的质感和细节才能被完美再现

焦距：23mm　光圈：f/11
快门速度：1/500s
感光度：ISO 100

灵活设置白平衡营造山景的氛围

日出半小时以内这个时间段是拍摄有特殊效果山景的好时机，由于色温不同，所以拍出的画面效果也不一样，这时天空的色彩偏暖，由于天空亮度较暗，与地面的明暗反差就不会很大。拍摄时可尝试将白平衡设置成不同的模式，多尝试几种白平衡设置，可营造不同寻常的画面效果。

⌒ 将白平衡设置为荧光灯模式，常常可以获得迷魅的紫色调效果

焦距: 14mm　光圈: f/14　快门速度: 5s　感光度: ISO 100

149

6.3 山景摄影的构图技巧

利用云雾表现山景的仙境效果

山与云雾总是相伴相生，各大名山的著名景观中多有"云海"，例如黄山、泰山、庐山，都能够拍摄到很漂亮的云海照片。

拍摄有云雾衬托的山景照片，在构图方面需要留白，而在用光方面则可以考虑采用顺光或前侧光，使画面形成空灵的高调效果，采用逆光拍摄山景容易形成剪影，可以与雾气形成虚实、明暗的对比，更容易表现山景的轮廓美。

云雾笼罩山体时其形体就会变得模糊不清，在隐隐约约之间，山体的部分细节被遮挡，被遮挡的山峰与未被遮挡部分产生了虚实对比，在朦胧之中产生一种不确定感，拍摄这样的山脉，会使画面产生一种神秘、飘渺的仙境效果。

⊃ 云雾与群山的虚实对比，突出了画面的空间感，使画面看起来很大气、唯美

焦距: 24mm 光圈: f/5.6 快门速度: 1/160s 感光度: ISO 200

选择合适的角度表现山势

以不同的视角拍摄山景时，可以得到迥然不同的画面效果。例如，以平视角度拍摄山景时，能最大限度地凸显山脉的真实面貌及起伏变化的线条；若是以仰视角度拍摄，还能最大限度地把山衬托在天空中，苍穹、雄山融为一体，画面体现出一种豪放之情；若是以俯视角度拍摄，不但可以表现出山景的全貌，而且通过恰当的构图，还可以给人"一览众山小"的感觉。

⋔ 要拍出这种感觉的照片，除了使用广角镜头外，还通过后期合成的方式将其拼接为宽画幅的形式，在视觉上更胜一筹

焦距: 18mm 光圈: f/514 快门速度: 1/500s 感光度: ISO 100

选择不同画幅表现不同视野的山景

拍摄山景时，可以通过不同的画幅形式展现山的不同气势。

以竖画幅拍摄山景时，会使山岳的透视感比较夸张，从而产生一种高大、雄伟的视觉感受，同时还可增加画面整体的纵深感。

以横画幅拍摄山景时，视野上给人很开阔的感觉，可以很好地表现出连绵起伏的气势。我们还可以在此基础上，通过在水平方向上拍摄多张照片并在 Photoshop 中使用"合并至 HDR Pro"命令制作全景图的方式，得到超宽的横画幅画面，以突出其整体气势。

◐ 竖画幅适合表现山峦的高大感

焦距: 140mm　光圈: f/14　快门速度: 1/500s
感光度: ISO 100

◐ 超宽的横画幅构图，可更好地表现山峦的起伏感

利用前景突出山景的秀美

在拍摄各类山川风光时，如果能在画面中安排前景，配以其他景物（如动物、树木等）作陪衬，不但可以使画面有立体感和层次感，而且可以营造出不同的画面气氛，大大增强了山川风光作品的表现力。

例如，有野生动物的陪衬，山峰会显得更加幽静、安逸，也更具活力，同时还增加了画面的趣味性。如果利用水面或花丛作为前景进行拍摄，则可增加山脉秀美的感觉。

扫描二维码，跟视频学摄影

☞ 风光拍摄技巧
——前景吸引

☝ 拍摄山景时，将前景中的河边水草和树木也纳入画面中，既能增加画面的空间感，还可将山峦点缀得更加秀美

焦距：20mm　光圈：f/16　快门速度：1s　感光度：ISO 100

用V形构图突出山谷的陡峭

对山景摄影而言，V形构图是指利用山体边缘的斜线结构以及山体之间的交错而形成的一种构图方式，除了实现视觉上的曲折变化外，也可以很好地突出山体陡峭的崖壁。

☞ 采用V形构图拍摄山谷时，可以利用高低的对比表现山谷跌宕起伏的特点

焦距：200mm　光圈：f/8
快门速度：1/50s　感光度：ISO 320

用斜线构图强调山体的上升感

在构图中斜线能够给人一种动感，将斜线构图运用在拍摄山峦中，则能够通过画面为山峦塑造一种缓慢上升的动势，斜线的角度越大，山体感觉上升越急促，山越陡峭，反之则越舒缓。

⤴ 以特写的形式拍摄山峦强调了其山体斜线的趋势，将其挺拔、上升的趋势表现得很好

焦距: 200mm　光圈: f/16　快门速度: 1/160s　感光度: ISO 100

用天然框架将视线集中在山峰上

拍摄山景时常常会使用前景搭建画框来集中观者的视线。在实际拍摄时，可以根据地形的特点来选择作为画框的前景，例如岩洞、树木、树叶等。

通过将山景"框"起来，能够让画面更加层次分明，同时也能够很好地交代山景所处的环境、季节等信息，并将观者视线集中在山峰上。

扫描二维码，跟视频学摄影

⤿ 构图形式——框式构图讲解

⤸ 利用前景中的树叶作为框式构图，从而集中了观者的视线，突出了远景的雪山

焦距: 35mm　光圈: f/16　快门速度: 1/250s　感光度: ISO 100

6.4　山景摄影的用光技巧

侧光下拍摄山景可突出其立体感

　　当侧光照射在表面凹凸不平的物体表面时，会出现明显的明暗交替光影效果，这样的光影效果使物体呈现出鲜明的立体效果以及强烈的质感。

　　要采用这种光线拍摄山脉，应该在太阳还处在较低的位置时进行拍摄，这样即可获得漂亮的侧光，使山体由于丰富的光影效果而显得极富立体感。

⊃ 采用侧光拍摄山峦时，明显的明暗对比使画面的立体感很强，可以很好地突出山的坚毅

焦距: 180mm　光圈: f/18
快门速度: 1/250s　感光度: ISO 100

逆光下拍摄山景可得到剪影效果

　　山景的形态总是高低不平、层叠起伏的，因此，利用逆光（含侧逆光）将山体表现为剪影效果，更能突出其这一特点。在实际拍摄时，应尽可能选择具有代表性、形态美观的部分进行取景构图，并以天空作为曝光依据，也可适当降低曝光补偿，从而拍摄得到简约、富于线条感的剪影效果。

⊃ 傍晚的阳光将画面渲染成好看的金黄色，利用逆光将山体表现为剪影效果，使画面更有意境

焦距: 185mm　光圈: f/8
快门速度: 1/640s　感光度: ISO 100

6.5　利用浓淡不一的剪影表现山峦的层次感

要想表现山峦连绵起伏的层次感，首先要考虑的是拍摄的高度，一般选择俯视拍摄，这种角度最容易拍出山峦层叠的形状；其次，还要注意取景的范围，容纳的景物越多，画面就越有气势，在设置光圈时，应使用小光圈，以获得大景深，使画面中的景物都能够清晰呈现；另外，光线的选择也很重要，要使山景画面有层次，可以利用强烈的侧光来获得不同的光影带，形成"光层"的效果，也可以使用逆光，并针对画面亮处进行测光，拍摄山体的剪影照片，以浓淡不一的剪影来表现山峦的层次。

♠ 在高处可以拍到鸟瞰群山的画面效果，把崇山峻岭连绵不绝的气势很好地表现出来

焦距: 200mm　光圈: f/5.6　快门速度: 1/800s　感光度: ISO 100

6.6 拍摄全景的山景照

　　拍摄山景时，可以通过全景的方式以超宽画幅来展现山脉绵延不绝的气势。如果拍摄时使用的是索尼的微单系列相机，则可以直接用全景照相模式进行拍摄，而如果使用的是其他没有此类模式的相机，则可以参考下面讲述的接片手法获得全景照片。

使用三脚架固定相机拍摄位置确保机位高度不变

　　要拍摄全景照片，首先需要保持相机的位置不变，建议使用带有旋转云台的三角架，保证拍摄位置和机位的高度不变，只改变镜头的水平角度，以保证拍摄的视角一致。

⋔ 全景画面的山峦视野非常广，看起来很有气势

⋔ 使用镜头的中焦端垂直构图拍摄，拍摄的照片数量较多，拼合的效果更好

使用中长焦镜头避免画面透视变形后期不易拼接

对拍摄全景照片而言，广角镜头由于透视强烈，画面边缘容易出现变形、扭曲，在后期拼接时很难做到天衣无缝。因此，建议选用变形较小的中长焦镜头进行拍摄，以避免上述问题。

使用手动曝光保证每张照片明暗一致

拍摄一系列照片时，要保证曝光设置一致，也就是要使用相同的光圈和快门速度。拍摄时可先将相机设置为光圈优先模式，以较小的光圈获得较大景深的画面，拍摄一张样片，目的是为了使曝光准确。如果曝光效果满意，就切换到手动模式，按照样片的光圈、快门速度等参数进行设置。

⋒ 使用手动曝光的方式，使各个分景图的曝光保持一致

预先拍摄出重复的部分后期充分拼接画面

在拍摄过程中，每张照片应预留10%左右的重叠区，以利于后期进行拼接。若重叠区过少，在后期处理时可能无法组合出完整的全景照片。

CHAPTER 7

日出、日落摄影
技法16例

7.1　日出、日落摄影的准备工作

选择合适的器材拍摄日出、日落

选择合适的镜头

拍摄日出、日落时，通常要同时表现天空中的彩霞和地面上的景物，以丰富画面构成，所以准备一支从广角到中焦的变焦镜头就可以满足大部分的拍摄需求，如果要拍摄这种光照环境下的局部小景，就要根据实际情况使用中长焦镜头了。

三脚架

在拍摄日出前的景象时，由于光线并不充足，因此使用三脚架保持相机的稳定就显得非常重要。更重要的是，提前到达拍摄地点后，可以占据有利地形，将相机放在三脚架上预先取景构图，做好充分的准备工作。

渐变镜

渐变灰镜可以起到压暗天空、平衡光比的作用，若选择其他带有色彩的渐变镜，如渐变橙、渐变蓝等，在拍摄日落时，可增强日落的画面气氛。

遮光罩

在逆光环境下拍摄时，画面中容易出现眩光。有效的方法是在镜头前加装遮光罩，以避免镜头直接对准太阳。

⋂ 三脚架可在光线不足时固定相机

⋂ 方形渐变灰镜

⋂ 遮光罩可有效避免出现眩光

↺ 春、秋季节的云层较多，比较容易拍摄到彩霞满天的美景，为避免杂光干扰画面效果，可在镜头前安装遮光罩

焦距: 90mm
光圈: f/16
快门速度: 1/400s
感光度: ISO 800

选择合适的地点拍摄日出、日落

拍摄日出、日落时，选择拍摄地点对画面的成败有着决定性的影响。拍摄时尽量选择地势高、视野开阔的地方，以便于鸟瞰大地，能够较容易拍摄到周边的景物，在构图方面也可以有更多的选择。

⊕ 在开阔的地点可拍摄到视野宽广的画面，画面看起来很有气势

焦距：30mm　光圈：f/14　快门速度：1/500s　感光度：ISO 400

选择最佳的时间拍摄日出、日落

拍摄日出、日落的黄金时段是太阳出没于地平线前后，在这个时段里，人眼直接看太阳不会感到刺眼，而且环境中的光线非常柔和，便于对景物进行表现。

由于日出、日落的光线变化很快，要善于抓住这短暂的拍摄时机。日出景色应该在太阳尚未升起，天空开始出现彩霞的时候就开始拍摄，而日落景色则应该从太阳的光照强度开始减弱，周边天空或者云彩开始出现红色或者黄色的晚霞时就开始拍摄。

建议提早1小时左右抵达拍摄地点，并完成各项观察与准备工作，如安装好相机与脚架，并保证其稳定，以及根据当前的景物进行预先构图等，以免实际拍摄时手忙脚乱、错失良机。

⊕ 日落时的画面中可同时出现冷暖色调，颜色很绚丽

焦距：18mm　光圈：f/14　快门速度：1/500s　感光度：ISO 100

⊕ 日出时分，环境中的冷色调偏多一些，很适合以对比的方式进行表现

焦距：30mm　光圈：f/18　快门速度：1/500s　感光度：ISO 200

选择正确的曝光方法拍摄日出、日落

拍摄日出与日落时，较难掌握的是曝光控制。日出与日落时，天空和地面的亮度反差较大，如果对准太阳测光，太阳的层次和色彩会有较好表现，但会导致云彩、天空和地面上的景物曝光不足，呈现出一片漆黑的景象；而对准地面景物测光，会导致太阳和周围的天空曝光过度，从而失去色彩和层次。

正确的曝光方法是使用点测光模式，对准太阳附近的天空进行测光，这样不会导致太阳曝光过度，更重要的是，可更好地表现天空中的云彩。

为了保险，可以在标准曝光参数的基础上增加或减少一挡或半挡曝光补偿，再拍摄几张照片，以增加挑选的余地。如果没有把握，不妨在高速连拍模式下使用包围曝光，以避免错过最佳拍摄时机。

⊙ 使用点测光对太阳周边进行测光，得到太阳和水面均曝光合适的画面

焦距：55mm　光圈：f/9　快门速度：1/1250s　感光度：ISO 250

7.2 日出、日落摄影的曝光技巧

以天空亮度为测光依据拍摄日出、日落

如果要表现云彩、霞光，要注意避免强烈的太阳光干扰测光，也无需考虑地面亮度，测光时应以天空的亮度作为曝光的依据。

可以使用镜头的长焦端，以点测光或中央重点测光模式对天空的中等亮度区域测光。

只要这部分曝光合适，色彩还原正常，就可以获得理想的画面效果。测光完成后，锁定曝光值重新构图、拍摄即可。

⬆ 以天空亮度均匀的区域作为曝光依据时，可很好地表现云彩和霞光

焦距：23mm　光圈：f/5.6　快门速度：1/800s　感光度：ISO 100

以水面反光为测光依据拍摄日出、日落

在水边拍摄日出、日落时，需要考虑到更好地表现水面波纹。

因此，为了表现水景，可以以水面的亮度为准进行测光。由于光线经水面折射后要损失一挡左右的曝光量，因此水面倒影与实景的亮度差在一挡左右。

可以根据试拍效果适当增加曝光补偿，从而得到理想的曝光效果。

⬆ 以水面为曝光依据时，可增加曝光补偿，使波纹的效果更明显

焦距：100mm　光圈：f/8　快门速度：1/1000s　感光度：ISO 100

以地面景色为曝光依据拍摄日出、日落

在拍摄日出、日落时，如果画面中天空的比例较多，就会很难兼顾地面景物的曝光；针对地面景物测光，天空部分很容易曝光过度。

此时可以利用中灰渐变镜来降低天空的曝光量，将天空亮度压暗，缩小画面的明暗反差。

这时即使按照平均亮度测光，也能够得到曝光准确、层次丰富的画面效果。

⬆ 以地面为曝光依据时，可将地面的景物表现得非常清晰

焦距：20mm　光圈：f/11　快门速度：1/500s　感光度：ISO 400

设置小光圈拍摄耀眼的星芒状太阳

为了表现太阳耀眼的效果，烘托画面的气氛，增加画面的感染力，通常需要选择 f/16～f/32 的小光圈，从而使太阳的光线呈现出漂亮的光芒效果。光圈越小，光芒效果越明显。如果采用大光圈，太阳的光线会均匀散开，无法拍出光芒效果。

○ 使用较小的光圈拍摄得到太阳的光芒效果

焦距：124mm
光圈：f/22
快门速度：1/800s
感光度：ISO 200

缩小光圈表现太阳透出云层的放射光线

放射线的视觉张力很强，在画面中看起来很有视觉冲击力。通常放射状光线是在日出日落时分，当太阳进入云层后，由云彩的间隙中透射出来的光线形成的。此时是拍摄霞光万丈的画面的良好时机。拍摄时应注意太阳位置的变化，当太阳进入云彩后面时，迅速运用点测光，对准太阳附近的云彩亮部进行测光，并缩小光圈，这样才能保证得到光芒万丈的效果，天空中云层的细节也才能最大限度保留。

○ 缩小光圈后，可使霞光的效果更为强烈

焦距：35mm
光圈：f/20
快门速度：1/800s
感光度：ISO 200

利用白平衡营造不同的画面气氛

日出、日落的时间非常短暂，而在这短短的时间内，每一分钟的色彩都可能出现很大的变化。例如，日落大致可分为4个过程：太阳变黄；进而变红；消失在水平线上以后，天空由红转紫；天空再转为深蓝。

要在日落后拍出瑰丽的晚霞，一定要灵活使用白平衡。拍摄时可将白平衡设定为"阴天"预设白平衡，或者将色温

直接设定到6000K以上，使画面的主色调成为红色，按此方法拍摄时，即使晚霞的色彩并不太鲜艳，也可使画面中的晚霞映红整个天空。也可以尝试其他的白平衡设置营造不同的画面气氛。

⊃ **使用自动白平衡模式，画面比较真实地还原了景物的色彩**

焦距：17mm 光圈：f/22 快门速度：1/500s
感光度：ISO 100

扫描二维码，跟视频学摄影

↻ 风光拍摄技巧
——利用黄金拍摄时间

⊃ **使用阴影白平衡模式，画面明显偏暖**

焦距：17mm 光圈：f/22 快门速度：1/500s
感光度：ISO 100

⊃ **使用白炽灯白平衡模式，画面明显偏冷**

焦距：17mm 光圈：f/22 快门速度：1/500s
感光度：ISO 100

减少曝光补偿增强日落后天空云彩的画面色彩

通过减少曝光补偿，可以一定程度上提高画面的饱和度，因此，在拍摄日落的夕阳美景时，可通过这种设置使画面呈现出更加鲜艳的色彩。但要注意的是，降低曝光补偿，会导致画面的暗部细节损失，因此减少曝光补偿不是无限度的，而应以不影响画面整体的光影表现为宜。

扫描二维码，跟视频学摄影

↻ 摄影学习理论
——正确认识后期处理

🔅 通过减少0.7挡的曝光补偿，使画面颜色更加饱和，浓郁的色彩使夕阳的感觉更加明显

焦距: 130mm　光圈: f/8　快门速度: 1/500s　感光度: ISO 200

7.3 日出、日落摄影的构图技巧

利用前景衬托太阳可丰富画面元素

　　从画面构成来讲，拍摄日出、日落时，不要直接将镜头对着天空，这样拍摄出的照片会显得单调。可选择树木、山峰、草原、大海、河流、动物等作为前景，以丰富日出、日落时的温馨氛围。

◑ 以奔涌的海面作为前景，与背景中的太阳形成动静的对比，让画面更具视觉冲击力

焦距: 175mm　光圈: f/5.6　快门速度: 1/1000s　感光度: ISO 100

◑ 以游荡在草地上的羚羊作为前景，简洁的剪影、各自不同的神态，为画面增加了几分灵动之气

焦距: 170mm　光圈: f/11　快门速度: 1/1250s　感光度: ISO 100

利用剪影表现日出、日落可使画面简洁

　　在拍摄日出、日落剪影时，有两个突出表现的要点：一是轮廓简洁，剪影的暗部没有任何细节，唯一给人留下深刻印象的是其形状，杂乱的轮廓线条不但不会给观者留下好印象，还会破坏画面中夕阳的宁静与祥和，因此在拍摄时要特别注意，越简洁的画面越有形式美感；二是背景好看，即剪影以外的区域应该具有美感，例如通过白平衡设置，使天空变为温暖的橙色或蓝紫对比色，也可以通过丰富的云彩构建出天空区域的美感等。

扫描二维码，跟视频学摄影

⟲ 风光拍摄技巧——拯救剪影

⟳ 简洁的画面有种剪影画的效果，给人留下深刻的印象

焦距: 200mm　光圈: f/14　快门速度: 1/500s
感光度: ISO 100

利用太阳在海面上的倒影增强画面的空间感

当太阳光照射在海面上时，在海面上会形成漂亮的局部强烈反光，此时不妨将其一同纳入到画面中，除了可以突出太阳光的强烈之外，还可以利用海面上形成的长长的倒影，增加画面的空间感。

☾ 强烈的阳光在海面上照射出一条强烈的反光区域，增强了画面的纵深感

焦距：24mm　光圈：f/14　快门速度：1/1250s
感光度：ISO 100

利用留白为升起的太阳预留运动空间

无论是横画幅构图还是竖画幅构图，如果是太阳作为画面主体，通常应将太阳置于画面下方大约 1/3 的位置，在画面上方保留大面积的天空，为其上升预留运动空间，可以给人太阳上升的感觉，这种构图方式云彩的效果也会表现得很好。

๑ 在画面上方保留大面积的天空，给人以太阳上升的感觉，为使天空颜色更加浓郁都可在拍摄时适当降低曝光补偿

焦距：14mm　光圈：f/14　快门速度：1/500s　感光度：ISO 100

7.4 利用长焦镜头拍摄大太阳

通常在拍摄太阳的画面时，由于距离较远，画面呈现中太阳所占据的比例非常小。在标准的35mm幅面的画面上，太阳的直径只是镜头焦距的1/100。因此，如果用50mm标准镜头，太阳在画面中的直径大小为0.5mm；如果使用200mm的镜头，太阳在画面中的直径大小为2mm，以此类推，当使用400mm长焦镜头时，太阳在画面中的直径大小就能达到4mm。因此，若想得到较大太阳的画面可使用长焦镜头，在突出主体的同时，还可增加画面冲击力。

与此同时，还可将前景处的景象也纳入进来，以丰富画面元素，使画面更加生动、有意境。另外，使用长焦镜头或者镜头的长焦端进行拍摄，由于焦距较长，轻微的抖动都会影响画面的清晰度，所以，拍摄时对相机稳定度有着较高要求，须考虑配合使用三脚架进行拍摄。当然，也可以通过后期处理来获得拥有大太阳的照片。

∩ 使用长焦镜头拍摄太阳，可使其在画面中所占的面积较大

焦距: 400mm 光圈: f/14 快门速度: 1/800s
感光度: ISO 800

◔ 与上图相比，这幅以200mm焦距拍摄的太阳，就显得小了一些

焦距: 200mm 光圈: f/9 快门速度: 1/100s
感光度: ISO 100

CHAPTER 8

水景摄影技法
20例

8.1 水景摄影的准备工作

选择合适的器材拍摄水景

使用广角镜头表现大海的辽阔感

使用广角镜头拍摄时，镜头的焦距越小，视野范围越宽，照片中可以容纳景物的范围也越广。利用广角镜头拍摄海面时，可以纳入更多的画面元素，强烈的透视感使画面看起来有很强的空间感，从而将海面辽阔的气势表现得很充分。

使用偏振镜突出水面碧蓝的颜色

在拍摄水景时，偏振镜可以消除水面的反光，增加画面色彩的饱和度，并很好地表现水面碧蓝的颜色，这种效果在直射光条件下更加明显。

使用中灰渐变镜避免水面与天空明暗差距过大

拍摄水景照片时，天空常作为画面的背景。由于天空与水面的明暗反差较大，所以针对哪里曝光就很重要，为了表现水景，常选择对水面进行测光，得到的画面中水面表现很好，而天空则失去了层次。

想要很好地表现水面、地面、天空的景色，在水面与天空反差不大的情况下，可以针对水面明暗相对均匀的区域测光。

如果水面与天空明暗差距很大，则需要使用灰度渐变镜，将减光的一边向上，降低天空的亮度，而水面的亮度保持不变，从而缩小明暗反差，得到曝光合适的画面。

◑ 若想得到视野开阔的海景照片，最好选择广角镜头

焦距: 17mm　光圈: f/14　快门速度: 1/160s　感光度: ISO 100

◑ 使用偏振镜时光线的角度是有讲究的，在绝对逆光和顺光下偏振镜会丧失作用，而且镜片本身也使镜头的进光量减少，进而延长曝光时间

◑ 利用渐变镜缩小明暗反差，得到水面与天空都曝光合适的画面

焦距: 18mm　光圈: f/22　快门速度: 1/200s　感光度: ISO 100

选择合适的地点拍摄水景

拍摄水景画面时，对环境的选择也有一定的要求，主要是就周边环境对水景的影响而言，如果既想拍摄环境又想表现水景，要选择有好看前景的水景，利用花草、树木、礁石、沙滩等，可以很好地衬托水景；如果想表现水景的空间感，则可选择有远山或树林为背景的水景；如果要表现蜿蜒的河流则需要选择较高的位置进行拍摄。

⟳ 为了突出画面的空间感，选择以礁石为前景，不仅可起到视觉导向的作用，也增加了画面的空间感，而远山的纳入则使画面层次更丰富

焦距：19mm
光圈：f/16
快门速度：3s
感光度：ISO 100

171

8.2 水景摄影的构图技巧

用对称构图纳入倒影展现水景平静之美

对称的图形本身就有稳定视线的效果，在表现水景的构图中，这种构图方式同样能够给人以稳重和沉静的感觉。结合水面的倒影拍摄风光等，可以很好地表现出水景的平静之美。

扫描二维码，跟视频学摄影

↻ 构图形式
—— 对称式
构图讲解

↻ 平静的水面倒影丰富了画面内容，增强了画面的艺术感染力，营造了完美的画面意境

焦距: 18mm 光圈: f/22 快门速度: 1/5s 感光度: ISO 100

用曲线构图展现水景线条流畅的美感

拍摄溪流、江河时，利用曲线构图展现线条美是常用的构图方法。长长的河流形成优美的C形或者S形曲线，沿着视线的方向延伸，不仅使画面富有动感，也将水景线条流畅的美感表现得很好。同时，利用左右两侧的暗影与光带般的水面形成鲜明的对比，用明暗对比营造出画面的空间感。

⊃ 采用俯视角度拍摄，将河流蜿蜒的曲线美表现得淋漓尽致

焦距: 23mm 光圈: f/11
快门速度: 1/400s 感光度: ISO 200

用前景打破水景的单调感

晴朗的日子里，碧蓝的湖水与蓝天组成的画面非常干净，空气中毫无杂质，太阳洒在湖面上，透出丝丝暖意，选择清晨拍摄最能表现出湖面的宁静。在取景时，为了避免画面单调，要注意纳入岸边的树木、花卉、岩石、山峰或一艘小舟，通过前景和背景的搭配丰富画面元素，打破画面的单调感，从而更好地表现自然、令人神往的画面效果。

○ 前景的小舟打破画面的单调，增添了画面静谧的感觉

焦距: 30mm   光圈: f/16
快门速度: 1/500s   感光度: ISO 100

用水平线构图展现水景的宽广感

拍摄水景时，尤其是表现宽阔的大海时，通常选择水平线构图，水平线较易使观者视线在左右方向产生视觉延伸感，使视线随之左右移动，增强其自身的视觉张力，这种构图形式可以说是表现宽阔水域，如海面、江面的不二选择，不仅可以将拍摄对象宽阔的气势呈现出来，还可以给整个画面带来舒展、稳定的视觉感。拍摄时最好配合广角镜头，以最大程度上体现水面宽广的感觉。

扫描二维码，跟视频学摄影

○ 构 图 形 式
—— 水平线构
图讲解

◑ 水平线构图可使水面看起来很开阔，为了丰富画面元素，可将云彩也纳入画面中

焦距: 14mm   光圈: f/13   快门速度: 1/125s   感光度: ISO 100

8.3 宁静湖泊的拍摄技巧

利用秋季多彩的树叶突出湖景的绚烂多彩

拍摄湖泊时，"水天一色""天光水色"的场景都是重要的表现主题，静静的湖面像镜子一般清澈透明，水面映衬着蓝天，周围多色的树木倒映在湖中，可使湖面的色彩更绚烂多彩，令人心旷神怡。因此，在秋季拍摄湖泊时，一定要将湖畔色彩斑斓的树木考虑在画面中。

⊃ 通过明暗对比，使墨蓝色的湖水与背景融为一体，虽然湖水的面积较大，但岸边斑斓的树木无疑是画面中最令人瞩目的视觉焦点

焦距：170mm 光圈：f/6.7 快门速度：1s
感光度：ISO 100

利用湖边倒影强化画面色彩

拍摄湖泊时，不能一味地表现湖水，那样会显得画面单调乏味且没有表现力。应适当地选取岸边的景物来衬托湖面，如湖边的树木、花卉、建筑、岩石或山峰等，这样能使平静的湖面变得充满生机。如果在构图时能将树木、蓝天、白云或山峦等岸边景物在湖水中的倒影也纳入镜头，可起到强化画面色彩的作用，将得到美不胜收的画面。

⊃ 倒影不仅可以增加画面的色彩感，当微风吹过时，涟漪状的波纹还可以增加画面的动感

焦距：35mm 光圈：f/16 快门速度：1/320s
感光度：ISO 100

发现水中的色彩

生命始于海洋，同样所有的生命也都离不开水，单纯的水是没有颜色的，因此水面是很难拍摄和处理的，但这丝毫不会难倒优秀的摄影师，聪明的摄影师在拍摄湖泊和海洋的风光照片时，往往要加入岸边其他元素和色彩。

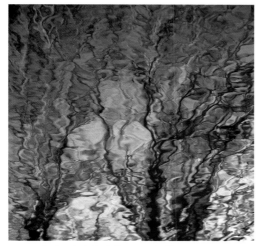

⊕ 五彩的水面颜色构成的画面很有梦幻的油画感

焦距: 20mm　光圈: f/20　快门速度: 1/80s　感光度: ISO 100

如果你细心观察，就会发现水面具有类似镜子的反射效果。在色彩丰富的季节，水面被赋予丰富的色彩反射。

要想寻找水面的丰富的色彩，不仅需要天时、地利，还需要人和。

天时就是要在植物和树木色彩最艳丽的时候，一般夏秋季节较明显。地利就是必须在河流或湖泊的对岸找到相应的色彩丰富的植物元素或其他元素。所谓人和当然就是要求摄影师有超凡的对美的领悟，能够找到最合适的拍摄角度，看到常人无法看到美。

拍摄水景时，一般采用斜侧或者低矮的角度进行拍摄，如果在河的左岸拍摄，就只能通过水面表现对称的河右岸的景色。为了控制水面的反射元素和质感细节，需要选择一个较低的拍摄点进行创作，如果拍摄点过高，如在山顶，就只能看到水面反射的天空中刺眼的阳光。

水面倒影的具象表现

使用广角镜头拍摄水面，可以完整地将对岸山脉、建筑、天空的反射效果呈现出来。与直接拍摄对岸的风光相比，这种间接的表现手法传递的画面情绪更含蓄婉转，甚至可以改变拍摄对象自身的视觉意义。

众所周知山伟岸，水柔美，如果将两者结合起来可以起到以柔克刚、刚中带柔的效果。如果在有光线的地方拍摄，还可以利用画面中剩余的水面表现湛蓝的天空或者水面的原始色彩，利用色彩的强烈对比突出主体、丰富画面。

拍摄时，要注意广角镜头的透视变形以及景深的控制。

◯ 拍摄水面时将具象的倒影也纳入画面中，与岸边的实景构成奇幻的画面效果

焦距: 17mm　光圈: f/16　快门速度: 1/30s　感光度: ISO 100

8.4　美丽瀑布的拍摄技巧

利用长时间曝光表现丝绸般的瀑布

当使用低速快门拍摄瀑布时，可以得到丝绸般的水流效果。

为了防止曝光过度，应使用较小的光圈来拍摄，如果还是曝光过度，应考虑在镜头前加装中灰滤镜，通常在1/4s~1/5s的曝光时间内，就能拍出不错的效果。需要注意的是，由于使用的快门速度很慢，所以一定要使用三脚架辅助拍摄。

∩ 丝绸般的流水画面看起来好似仙境一般

焦距: 18mm　光圈: f/14　快门速度: 5s　感光度: ISO 100

利用不同的画幅表现瀑布的气势

在拍摄瀑布时，首先要考虑的是选择哪种画幅形式，竖画幅有利于表现瀑布的高耸和飞流直下的气势，而横画幅则适合表现瀑布的宽阔与磅礴的气势。

在实际拍摄时，可以根据要表现的意图以及环境是否允许等因素，选择合适的画幅，从而将瀑布的意境表现得更加完美。

⮑ 竖画幅构图突出了瀑布飞流直下的气势

焦距: 50mm　光圈: f/22　快门速度: 25s　感光度: ISO 100

瀑布全景以及近距离的细腻表现

瀑布有全景和近景两种表现手法。全景拍摄可以把瀑布的气势和宏大表现出来，在拍摄时可以安排人物或者其他可以对比出大小关系的因素进入画面，以此衬托出瀑布滂湃的气势，突出主体。

近距离拍摄瀑布时，虽然气势略输全景，但有更细腻的表现力。选取瀑布具有细节的局部或者拍摄小型的瀑布，都可以获得此种效果。拍摄时要注意细节的控制，为避免画面过于呆板或者颜色过于单调，可以在前景处安排一些水草或者岩石作为陪体。在画面构图方面可以收取一些瀑布底部水潭的景色，让画面的整体感增强。在拍摄角度上，可以选择广角镜头低角度仰拍表现瀑布高落差带给人的压迫感。

↻ 仅表现了瀑布的一部分，利用长时间曝光得到细腻流水效果的画面

焦距：30mm
光圈：f/22
快门速度：20s
感光度：ISO 100

↻ 俯视角度拍摄，以全景表现瀑布，大场景的画面看起来非常有气势

焦距：20mm
光圈：f/16
快门速度：20s
感光度：ISO 100

8.5 变化万千大海的拍摄技巧

利用海边环境丰富画面

　　大海的拍摄手法有多种，如果仅仅拍摄海面，可以拍摄波澜不惊的平静海面，也可以拍摄浪花四溅的惊涛。

　　拍摄时也可以利用海边环境来丰富画面，比如在拍摄时可将天空与暗礁纳入画面，利用水面映射出的天空中绚丽、壮美的云彩，来增强画面的感染力，并在海面中适当点缀礁石以使画面显得更有活力。

扫描二维码，跟视频学摄影

🎧 风光拍摄技巧——使画面有比例感

➲ 天空中的白云、岸边的石块都是值得记录的画面元素，使画面更具感染力

焦距: 17mm　光圈: f/16　快门: 1/100s
感光度: ISO 100

🎧 利用前景、中景、背景处的礁石，形成了连续、完整的海面环境

焦距: 24mm　光圈: f/11　快门: 1/250s　感光度: ISO 200

利用前景增强水面纵深感

拍摄水景时，如果没有参照物，不容易体现水面的纵深空间感。因此在取景时，应该注意在画面的近景处安排近水的树木、礁石、桥梁或小舟，这样不仅能够避免画面单调，还能够通过近大远小的透视对比效果表现出水面的开阔感与纵深感。

在拍摄时应该使用镜头的广角端，这样能使前景处线条被夸张，以增强画面的透视感、空间感。

扫描二维码，跟视频学摄影

风光拍摄技巧
——引导线

通过将前景中的岩石一并纳入镜头进行拍摄，不仅丰富了画面的元素，还使画面的空间感和纵深感都得到了增强

焦距: 32mm　光圈: f/6.3　快门速度: 3s　感光度: ISO 100

通过沙滩表现别样的海景

在拍摄海景照片时，摄影师不应只关注壮观的海浪，还可以将镜头对准海滨的沙滩，因为沙滩上时而喧闹非凡，时而又十分安静，仅有潮起潮落所发出的声音，这些都会给画面增加很多情趣，如果有漂亮的沙滩泳装模特点缀，则画面会显得更加生动。

曼妙的光线、漂亮的晚霞，流动的海水已是一幅非常不错的画面，背对镜头的美女加入，不仅没有与主体争抢，还使整个画面更多了一分生机、一个看点

焦距: 16mm　光圈: f/9
快门速度: 1/250s　感光度: ISO 400

利用高速快门表现波涛汹涌的海浪

巨浪翻滚拍打岩石的画面有种惊心动魄的美感，要想完美地表现出这种"惊涛拍岸，卷起千堆雪"的感觉，一定要注意几个拍摄要点。

1.寻找合适的拍摄场景

拍摄时要寻找有大块礁石而且海浪湍急的区域，否则浪花飞溅的力度感较弱，但在这样的区域拍摄时一定要注意自身安全。所选礁石的色彩最好黝黑、深暗一些，以便于与白色的浪花形成明暗对比。

2.使用长焦镜头拍摄

为了更好地表现浪花，应该使用长焦镜头以特写或近景景别进行拍摄，并在拍摄时使用三脚架，维护相机的稳定性。

3.控制快门速度

拍摄时使用不同的快门速度，能够获得不同的画面效果。使用高速或超高速快门，能够将浪花冲击在礁石上四散开来的瞬间记录下来，使画面有较大的张力。

如果使用1/125s左右的中低快门速度，则可以将浪花散开后形成的轨迹线条表现出来，拍摄时注意控制礁石在画面中的比例，使画面有刚柔对比的效果。

扫描二维码，跟视频学摄影

↻ 风光拍摄技巧——快门速度和构图

⚲ **利用高速快门记录下波涛汹涌的瞬间，溅起的浪花看起来很有气势**

焦距: 200mm 光圈: f/16 快门速度: 1/1000s 感光度: ISO 100

利用低速快门表现完美浪花

面对海浪翻滚的精彩瞬间，适当地降低快门速度进行拍摄，能够使溅起的浪花形成完美的虚影，画面极富动感。

海浪是大海运动的直接表现形式，浪花是海浪的一部分，因其极具动感的细节，也成为摄影师拍摄水体时重点表现的对象。海浪之所以美丽是因为海水在激烈的运动或者触礁后更容易泛起白色的泡沫，在天空的照射下格外突出，有种独立于世的圣洁感。

拍摄浪花时要耐心地等待，直至浪花出现美丽的形态。常见的表现浪花的手法有两种。

第一种是使用长焦镜头和三脚架远距离拍摄，表现某一朵浪花的局部细节。

第二种是使用广角镜头表现浪花的运动趋势与气势，要注意构图时在画面中合理安排礁石、沙滩等元素以丰富画面。

⚘ 降低快门速度后，溅起的浪花轨迹被记录下来，形成好看的线条状

焦距: 200mm 光圈: f/22 快门速度: 8s 感光度: ISO 100

利用低速快门速度表现柔美细腻的海面

在拍摄海面时，通过长时间曝光可将运动的水流虚化成柔美细腻的线条，从而为静止的画面赋予特殊的魅力。

拍摄时摄影师应根据这一规律，事先在脑海中构想出需要营造的画面效果，然后观察其运动规律，通过控制曝光时间并进行多次尝试，就可得到最佳的画面效果。

⚘ 通过长时间曝光将流动的海面虚化成水雾一般，从而获得很梦幻的画面效果

焦距: 18mm 光圈: f/20 快门速度: 30s 感光度: ISO 100

波光粼粼水面的拍摄技巧

利用逆光低角度拍摄黄昏时的水面

逆光拍摄黄昏时的水面，利用低角度拍摄常常可得到波光粼粼的画面效果。拍摄波光粼粼的水面时，曝光控制最为关键。使用点测光或局部测光模式，对准水面亮度均匀且略微偏暗的区域测光，再根据试拍效果适当增加曝光补偿，从而保证亮光部分的曝光处于一种略微曝光过度的状态。

为了拍摄出这样的美景要注意两点。

其一是要使用小光圈，从而使粼粼波光在画面中呈

现为小小的星芒。

其二如果波光的面积较小，要做负向曝光补偿，因为此时场景的大面积为暗色调；如果波光的面积较大，是画面的主体，要做正向曝光补偿，以弥补反光过高对曝光数值的影响。

⊃ 夕阳下，采用低角度并增加半挡曝光补偿拍摄，可将水面波光粼粼的效果表现得更加明显

焦距：24mm 光圈：f/11
快门速度：1/640s 感光度：ISO 800

利用长焦镜头表现水面抽象的波纹

除了拍摄大面积的水面外，也可以使用长焦镜头将取景框对准局部的波纹，重点表现水波的光影、色彩和线条的韵律。

⊃ 拍摄局部的波纹，给人一种抽象派画作的感觉

焦距：200mm 光圈：f/14
快门速度：1/500s 感光度：ISO 100

CHAPTER **9**

树木摄影技法
16例

9.1 用广角镜头仰视拍树冠

要表现出林木枝繁叶茂、高耸壮大、遮天蔽日的感觉，着重展现其树枝向高空无限伸展的情景时，应该尽量以广角镜头逼近主体选择低角度仰摄，以夸张的变形表现树冠。这样可以增加空间的透视感，体现树木高耸挺拔的特质。

此外，使用大广角镜头仰拍林中较密集的树冠，放射性的线条会形成强烈的视觉冲击力。

⊃ 仰视拍摄的树冠，彩色的树叶在蓝天的衬托下显得非常鲜艳、亮丽

焦距: 20mm 光圈: f/16 快门速度: 1/320s 感光度: ISO 100

9.2 用长焦镜头拍局部特写

许多树木都在生长的过程中，在树干上形成了类型不同、形态各异的特征纹理，例如，白桦树的"眼睛"、槐树的树洞，针对这样有特点的树干局部，可以用长焦镜头进行特写式表现。

⊃ 侧光下将树干粗糙的质感表现得很突出

焦距: 35mm 光圈: f/10 快门速度: 1/500s 感光度: ISO 100

9.3 树木摄影的最佳时间

拍摄树木的时间也是影响画面效果的一个很重要的因素。在冬天或早春，由于树叶都已掉落，要拍出色彩漂亮的树木作品很难，但可将其独特的枝干造型作为画面表现的主体。而在秋天，树叶非常茂盛或呈大片的金黄色，以其色彩造势可以拍出充满生机与活力或强烈丰收喜悦感的作品，因此是比较理想的拍摄时间。

☞ 画面中披霜戴雪的干树枝很有艺术感

焦距: 200mm 光圈: f/4
快门速度: 1/100s 感光度: ISO 100

◠ 红黄绿相间的树叶不仅看起来非常缤纷多彩，而且充满秋天的气息

焦距: 30mm 光圈: f/9 快门速度: 1/500s 感光度: ISO 100

9.4 拍摄树木常用的视角与构图方法

利用俯视表现大场景的森林

　　拍摄森林的时候，可以采用俯视角度拍摄，这个角度常用于大场面的拍摄，相对于仰视角度而言，尤其适合表现森林的整体风貌。如果再配合广角镜头拍摄，可以在画面中纳入更多的景物，突出表现森林整体的气势，使画面更有空间感。

⤴ 使用广角镜头俯视拍摄茂密的树林，不但可以表现森林地貌，还可以突出树木丰富的色彩

焦距: 30mm　光圈: f/11　快门速度: 1/125s
感光度: ISO 200

利用垂直线构图表现树木的生机勃勃

　　垂直线构图是表现树木最常用的构图形式，如果要表现树木强劲的生命力，可以采用这种树干在画面中上下穿插直通到底的构图形式，让观者的视线超出画面的范围，产生画面中的主体向外无限延伸的感觉。

　　如果要表现树木的生机勃勃，可以采取将地面纳入画面，但树干垂直伸出画面的构图形式。

扫描二维码，跟视频学摄影

⤴ 构图形式——
垂直线构图讲解

⤴ 以中焦进行取景表现笔直的树干，同时竖画幅构图也使垂直方向上的延伸感得到加强

焦距: 35mm　光圈: f/8
快门速度: 1/200s　感光度: ISO 100

9.5 表现树林间的光芒

当阳光穿透树林时，由于被树叶及树枝遮挡，因此会形成一束束透射林间的光线，这种光线被有的摄友称为"耶稣圣光"，其实这是光线的丁达尔现象，不过这种光线的确能够为画面增加一种神圣感。

要拍摄这样的题材，最好选择清晨或黄昏时分，此时太阳斜射向树林中，能够获得最好的画面效果。在实际拍摄时，可以迎向光线用逆光进行拍摄，也可以与光线平行用侧光进行拍摄。

在曝光方面，可以以林间光线的亮度为准拍摄出暗调照片，衬托林间的光线；也可以在此基础上，增加 1~2 挡曝光补偿，使画面多一些细节。

⊂ 收小光圈可使"光芒四射"的感觉更明显

焦距：20mm 光圈：f/10
快门速度：1/20s 感光度：ISO 100

9.6 拍摄铺满黄叶的林荫小路

拍摄林荫小路的最佳时间是秋季，此时路面上会铺满了凋落的黄色树叶，就好像为整个大地都穿上了一层特殊的金黄色衣装，将其纳入画面会呈现出更加绚烂、引人入胜的效果。

在拍摄时，除了使用正常的曝光设置外，使用阴天白平衡更容易获得浓郁的秋季收获的色彩。

⊂ 遍地的金黄色落叶，以小路作为画面的引导线，有种引人入胜的美感

焦距：50mm 光圈：f/8
快门速度：1/500s 感光度：ISO 100

9.7 拍摄雪后的洁白的树木

大雪过后，万物银装素裹，被冰雪压满的树木枝叶，形成树挂，犹如一棵开满白色花朵的树，让人不得不敬畏自然的力量。穿行于白色的世界，心无旁骛地去寻找那些造型独特，形态优美的树挂，要注意描绘树挂的直线美。

在林中拍摄树挂时，要表现反复平直线条的美感，可靠近拍摄对象，利用透视关系表现一前一后的两棵或多棵树木，让画面产生近大远小的视觉感，强调树挂的层次感。

如果拍摄的场地较空旷，或者背景很开阔，不妨尝试中心构图方式，着重表现一棵造型完美的树木，更能突显主体。

在拍摄树挂中，如果树木层叠，枝叶杂乱，无法分离，不妨采用仰拍的方式，以蓝天为背景，借助三角形构图组织画面，展现树挂的局部细节，营造一种气势感。

⌒ 银装素裹的大树与环境融为一体

焦距：24mm 光圈：f/16 快门速度：1/500s 感光度：ISO 100

9.8 植物枯枝的残缺美

"离离原上草，一岁一枯荣"，岁月的流转、季节的更替还有落叶归根都是无法控制的自然规律。

冬天，植物枯萎，万木萧条，有的被压在厚厚的大雪下，有的枯枝残根依旧临雪傲然挺立。如果你仔细观察过，你会发现那些残留在冰雪世界中的枯枝很具美感。环境有时候表达的不仅仅是一种氛围，还是一种心境和情绪，借助枯枝可以表达一分孤寂，一种"心如止水"的境界，还可以传递苍凉、萧瑟等含义。好的摄影师很会借景抒情。

拍摄冰雪中的枯枝有很多方法。无论是拍摄大面积的枯枝还是一株枯枝，都要采用斜上的位置，塑造枯枝的造型美和立体感。

在表现单一枯枝的同时，还要将雪的晶莹透亮的质感表现出来，在光线条件好的情况下，还可以利用枯枝呈现的倒影，增强画面的光、线、形效果。

⌒ 设置大光圈营造一种梦幻的画面效果表现了冬季的枯枝，将平凡的景象表现得很有美感

焦距：200mm 光圈：f/2.8 快门速度：1/80s 感光度：ISO 100

9.9 逆光下表现树木的外部结构形态

我们通常认为树木是较容易表现的景物，但是很多人拍摄后会感到其并非易事，因为无论拍摄一棵树还是一整排树，它们的形态结构都很复杂，如何较为有序地组织和经营画面，就成了不可回避的难题。

拍摄时应该将要表现的主体从繁杂的结构形态及景象中抽离出来，或用剪影的形式表现整棵树的奇特形体，如胡杨树等；或用大光圈截取其最具特色的局部加以表现，如老树上的新枝等。

☾ 清晨选择天空中漂亮的云彩为背景逆光拍摄树木，不但渲染了画面，而且使树木的轮廓得以突出表现，前景中大面积的积雪成为天然的反光板，为树木的背光面补光，将树干的细节清晰地表现出来

焦距：18mm   光圈：f/16   快门速度：1/20s   感光度：ISO 100

9.10 逆光下拍摄修长的树影

如果在清晨或傍晚身处密林之中，摄影师可以利用太阳照射而来的条条光线以逆光角度进行拍摄，此时在太阳光线的照射下，树木会拖出一条条长长的树影，画面呈现出极佳的光影效果，修长的树影可使画面看起来更有空间感。在拍摄时应该用点测光模式对准光源周围进行测光，以获得准确的曝光结果。

扫描二维码，跟视频学摄影

☾ 摄影学习理论——人眼与摄影眼的区别

☾ 逆光下的树影为画面营造了空间感

焦距：24mm   光圈：f/16   快门速度：1/80s   感光度：ISO 100

9.11 雾气中营造梦幻意境的树林

由于树木的光合作用，早晨或晚上在林间会经常出现雾气。雾气升腾起来薄如轻纱，使林间光影朦胧、若隐若现，渲染了神秘的气氛，给观者以猜测和遐想。在漫射光线下，茂密的树林呈现出丰富的层次，树木的颜色由近到远，渐渐变淡，形成一种曼妙的效果。

雾气还会将画面中的远近景物分离开，失去纵深感。同时，漫射光下的画面可以产生一种柔和的梦幻意境效果。

⊃ 雾天拍摄树林有一种梦幻般的感觉

焦距: 23mm　光圈: f/11　快门速度: 1/500s　感光度: ISO 100

9.12 表现造型各异的树叶

红花总需绿叶配，有了这句话的存在，似乎就决定了绿叶只能成为配角。其实，对于摄影而言，任何对象都可以成为作品的主体，就更不用说造型各异、充满生命力的绿叶了。

表现特殊的树叶形态

从某个角度来说，叶子的数量远远超过花朵，在海量的叶子中，我们可以细心地去寻找一些造型特殊的叶子作为拍摄对象，此时，我们甚至不需要使用太复杂的技法去表现它，而只是忠实地将它记录下来就是一幅优秀的作品。

⊃ 无论是何原因，这片叶子蜷曲成了好看的螺旋状，利用大光圈将叶子以外的部分虚化，从而使叶子更加突出，一幅优秀的作品就这样诞生了——而作为摄影师的你，应具有一双发现美的慧眼

焦距: 50mm　光圈: f/1.8　快门速度: 1/200s　感光度: ISO 320

落叶的表现形式

夏花绚烂，秋叶静美，铺满落叶的林间不失也是一道亮丽的风景。

⚪ 金黄的落叶充满着秋季的气息，拍摄时为了提高画面饱和度可以适当减少曝光补偿

焦距: 30mm 光圈: f/9 快门速度: 1/100s 感光度: ISO 100

拍摄水中落叶。为避免落叶给人一种暮秋的萧条感，可以借助动态的水流，让落叶随水而动进行抓拍，让画面充满动感。秋天的流水借助天空的反光呈现冷色调，与黄色的树叶进行对比，增强了画面的色彩表现力。

拍摄林中的落叶。利用从树木枝叶缝隙射下来的光线，在成片的落叶中形成局域光，被光线照射的落叶呈现亮黄色，利用光线的明暗对比突出落叶的色彩和细节。

扫描二维码，跟视频学摄影

◖ 摄影学习理论—— 技与道同样重要

逆光下通透鲜明的新绿

在光线充足的条件下，顺光拍摄树木的枝叶，拍摄主体色彩光亮，看似没有瑕疵，但画面过于平面化，没有新意。不妨尝试逆光进行拍摄，透过阳光的新绿，脉络清晰可见，给人一种通透感。

逆光下，绿叶的透明度更强，且树荫中的背景会在画面中暗下去。使用点测光拍摄模式对光照下的主体曝光，即可以得到主体光亮透明，背景黯淡的画面，通透的新绿给人一种明快感。

⊃ 在暗背景的衬托下，透亮的绿色树叶在画面中显得很突出

焦距: 200mm 光圈: f/4 快门速度: 1/320s
感光度: ISO 100

表现火红的枫叶

要拍摄火红的枫叶，要选择合适的光位。在顺光条件下，枫叶的色彩饱满、鲜艳，有很强烈的视觉效果，为了使树叶的色彩更鲜艳，可以在拍摄时使用偏振镜，减弱叶片上反射的杂光。如果选择逆光拍摄，强烈的光线会透过枫叶，使枫叶看起来更纯粹、剔透。

拍摄时使用广角镜头有利于表现漫山红遍的整体气氛，而长焦镜头适合对枫叶进行局部特写表现。此外，还可以将注意力放在地上飘落的枫叶上，也能获得与众不同的效果。

⌒ 摄影师使用长焦镜头拍摄晚秋时节的火红枫叶，其色彩饱满、艳丽，画面的视觉感非常强烈

焦距: 200mm 光圈: f/2.8 快门速度: 1/100s 感光度: ISO 100

Chapter 10

冰雪摄影技法
7例

10.1 选择合适的拍摄时机拍摄冰雪

拍摄雪景时一定要掌握好拍摄时机。冬日光线的变化较快，同一地点的雪景在不同的时间段会呈现为不同的色调和影调，在这一时间段也许还明亮如镜，下一时间段就可能被淹没在昏暗当中。所以，要充分利用光线的变化来表现景物最富魅力的时刻。

扫描二维码，跟视频学摄影

∩ 摄影学习理论——意在笔前

⇨ 抓住雪景最有魅力的时刻进行拍摄，可以拍到美妙绝伦的画面

焦距: 24mm　光圈: f/16
快门速度: 1/125s
感光度: ISO 100

∩ 在清晨时分，光线色温较高，画面呈现为冷色调效果，更突出了冰雪世界寒冷的感觉

焦距: 18mm　光圈: f/9　快门速度: 1/125s　感光度: ISO 200

10.2 根据环境设置白平衡营造不一样的冰雪画面

在拍摄雪景时，摄影师可以通过设置实际环境中光源色温的方法来得到洁净的纯白影调、清冷的蓝色影调或铺上金黄的冷暖对比影调等，同时也可以通过设置白平衡来获得独具创意性的画面影调效果，以服务于画面主题的表达。

扫描二维码，跟视频学摄影

⌂ 摄影学习理论—— 从身边事物拍起

⟳ 在白天拍摄雪景时，通常可以将白平衡设置为白炽灯模式，以获得较冷的蓝色调效果

焦距：20mm 光圈：f/18
快门速度：1/500s
感光度：ISO 100

⌂ 傍晚时，使用荧光灯白平衡模式拍摄的照片，会有一定的冷暖对比，并根据环境的不同而呈现出一定的紫色调效果

焦距：30mm 光圈：f/20 快门速度：1/500s 感光度：ISO 100

195

10.3 正确使用曝光补偿表现洁白的雪景

准确曝光是拍摄雪景首先要考虑的问题，拍摄时应该根据"白加黑减"的原则，适当增加1~2挡曝光补偿，这样才能较好地还原白雪的颜色。

另外，在拍摄白雪时应该秉着宁欠勿过的原则，因为如果曝光不充分，可以在后期处理时通过调整来获得正常的曝光效果；而如果曝光过度的话，则会损失很多细节，这些是无法通过后期处理来改善的。

◔ 在拍摄雪景时，增加曝光补偿可以拍摄到色彩更纯净的白雪

焦距：: 18mm　光圈: f/11　快门速度: 1/100s　感光度: ISO 100

10.4   利用明暗对比为雪景画面增加形式美感

雪景中的树与山都是常见的拍摄题材，在拍摄这样的题材时，可以通过对较亮的位置进行测光，从而使树枝与山石表现出相对较暗的色调，使画面中的明暗反差增大，为画面增加形式美感。

○ 画面中的白雪与黑色的树干、水中的暗色调倒影形成对比，明暗分布均匀，且由于暗部主要分布于画面的下方，因此画面整体显得非常稳定

焦距: 20mm   光圈: f/22   快门速度: 1/2s   感光度: ISO 100

还可以通过控制曝光补偿，使画面有不同的反差效果。例如，可以增加曝光补偿，使画面呈现为一片白茫茫的景色，为画面塑造萧索、冷寂的氛围；或者减少曝光补偿，使雪的颜色偏灰，配合画面中的景物，营造颓废的氛围。

○ 增加曝光补偿，并将画面处理为黑白效果，更有天地一片苍茫的意境

焦距: 135mm   光圈: f/5.6   快门速度: 1/30s   感光度: ISO 100

根据色彩理论，蓝色与白色在同一画面中能够形成更好的对比效果，使蓝色显得更蓝，白色显得更白。因此在拍摄雪景时，选择蓝天作为背景并采用仰视角度拍摄，可以使晶莹的雪、冰及树挂显得更加洁白。以蓝天为背景拍摄时，可以使用偏振镜降低亮度、提高色彩饱和度，使树挂、积雪等显得更加突出。

○ 使用偏振镜过滤掉了杂色，提高了画面的饱和度，在蓝天背景的衬托下，白色的冰挂显得更加洁白

焦距: 220mm   光圈: f/9   快门速度: 1/800s   感光度: ISO 200

197

10.5　降低快门速度表现雪花飞舞的场面

要拍摄出飘飘扬扬的飞雪景观，需要特别注意快门的速度。通常雪花下落速度可达每秒1～2米，但如果有风时，雪花的下落速度就还要加上风的速度，因此如果采用1/125秒以上的快门速度基本上就可以将一朵朵的雪花凝固在画面中，而如果采用低于1/60秒的快门速度拍摄，则可以使飞舞中的雪花在画面上留下一道道的线条，从而拍摄出雪花降落的动感来。

拍摄飘雪时，在构图方面要注意利用深色的背景，如建筑物、树林、山、房屋等，以将雪花飘落的轨迹清晰地衬托出来。

另外，最好选择下鹅毛大雪的天气，因为此时雪花的个体较大且密度适中，拍摄出来的雪花飘落的线条明晰、轨迹清晰，效果最佳。

🎧 以较低的快门速度拍出雪花飞舞的动感画面

焦距: 200mm　光圈: f/6.3　快门速度: 1/160s　感光度: ISO 200

10.6　侧光拍摄表现雪的颗粒感

并不是所有的直射光都利于拍摄白雪，顺光观看积雪表面时，会发现积雪非常耀眼，这是因为积雪层表面向人眼的雪花将大量的光反射到了人的眼中，因此观看时感觉到积雪的表面反光极强，看上去犹如镜面一般白茫一片，因此可以想象在这种光线下拍摄白雪，必定会由于光线减弱雪的表面层次和质感的表现，无法很好地表现积雪。

因此，顺光并不是拍摄雪景理想的光照条件，只有在逆光、侧逆光或侧光下，太阳的角度又不太大时，如果逆光或侧光的光位较高，也不利于拍摄积雪景观。只有低位的逆光和侧光，才是拍摄积雪景观的理想光线，此时雪对光的反射角度偏小，光线显得柔和细腻，可使雪的质感增加，能充分表现雪的层次和细部，此时雪地上的景物常拖着长长的投影，也可以丰富雪地的光影效果。

这种低角度的逆光或侧光，通常出现在上午十时前和下午四时后，此时拍摄阳光的色温较低，还能给雪地染上一层淡淡的暖色调，使拍摄获得良好的效果。

🎧 在逆光下由于明暗分明因此雪地的颗粒质感也被表现得很明显

焦距: 50mm　光圈: f/1.4　快门速度: 1/160s　感光度: ISO 200

10.7   利用不同的光线营造不同画面气氛的雪景

在不同的光线环境下，雪景所表现出来的效果会有很大的差异。例如顺光、柔光比较适合表现洁白的雪景，而侧光或逆光则适合表现雪景的立体感，靠近拍摄时还可以表现出雪景的砂砾质感。

因此拍摄雪景应该多采用侧光、侧逆光，最佳的拍摄时间是早晨和傍晚，在这两个时间段拍摄，不仅能够体现雪的质感，还能够通过天空中的多变的云霞为照片增色。

⋒ 在有雾情况下，雪景与雾景完美地融合在一起，光线十分柔和，使用宽画幅拍摄可以纳入更多的美景，画面更显洁净、亮丽

焦距: 30mm   光圈: f/16   快门速度: 1.6s   感光度: ISO 100

⋒ 夕阳时分，采用侧逆光拍摄可将雪的质感表现得很好

焦距: 24mm   光圈: f/16   快门速度: 1/250s   感光度: ISO 100

CHAPTER 11

建筑摄影技法
26例

11.1 建筑摄影的 4 个表现要点

利用侧光表现建筑的立体感

利用侧光拍摄建筑时，由于光线的原因，画面中会产生阴影或者是投影，呈现出比较明显的明暗对比，有利于体现建筑的立体感与空间感，可以强化拍摄对象的轮廓形状以及画面中心地位。在这种光线条件下，可以使画面产生比较完美的艺术效果。

用侧光拍摄建筑时，为了不丢失亮部细节，常常对亮部进行点测光。这样暗部区域的亮度会进一步降低，此时需要注意光比的控制和细节的记录。

◎ 利用侧光拍摄建筑，使其表面的浮雕产生较强的明暗对比，从而使整个画面呈现出很强的浮凸凹陷效果

焦距: 45mm 光圈: f/9
快门速度: 1/320s 感光度: ISO 200

利用对比表现建筑的体量感

在没有对比的情况下，很难通过画面直观判断这个建筑的体量。因此，如果在拍摄建筑时希望体现出建筑宏大的气势，就应该通过在画面中加入容易判断大小体量的画面元素，从而通过大小对比来表现建筑的气势，最常见、常用的元素就是建筑周边的行人或者大家比较熟知的其他小型建筑。总而言之就是利用大家知道的景物来对比判断建筑物的体量。

通常会在照片中加入人、树、云等陪体，从而产生对比，以体现建筑的体量感。

扫描二维码，跟视频学摄影

◎ 建筑拍摄技巧—— 突出建筑的体量感

◎ 采用平视的角度拍摄，虽然有游人在画面中，但并没有破坏画面的完整性，而且通过对比衬托出了建筑的体量

焦距: 46mm 光圈: f/11 快门速度: 1/500s 感光度: ISO 200

利用构图表现建筑的稳定感

　　除了少数特殊的表现需求外，拍摄建筑时通常都要求"横平竖直"，以突出建筑物的稳定感。

　　在使用尼康 / 佳能相机拍摄时可以启用取景器网格功能，大部分佳能相机可以在实时显示模式下启用网格功能，以用于辅助进行平稳构图。

🎧 稳定的构图可使画面中的拍摄对象有种庄严感

焦距: 17mm　光圈: f/11　快门速度: 1/100s　感光度: ISO 800

利用反光表现建筑的质感

　　为了塑造不同建筑的质感，我们可以从反射、折射等方面的光影变化入手，例如在拍摄现代建筑时，由于其表面多采用反光性强的材质，此时可以在柔和的光线下突出其反射周围环境的特性，以突出其光滑的质感。

　　在拍摄较古老的建筑时，由于所使用的材质相对较为粗糙，可以采用较柔的侧光突出表现其纹理的质感。

🔄 利用现代建筑表面的反光特性可以突出表现建筑物表面光滑的质感

焦距: 35mm　光圈: f/11　快门速度: 1/320s
感光度: ISO 800

11.2　建筑摄影常用画幅形式

在建筑摄影中，横画幅和竖画幅都可以使用，但是需要根据被摄建筑的特征选择与其相适应的画幅形式。在表现建筑的全景和容量时，比较适合使用横画幅构图；如果要表现建筑的高大和气势，则适合使用竖画幅构图。

⌒ 竖画幅适合表现建筑物高耸的气势

焦距: 200mm　光圈: f/9　快门速度: 1/160s　感光度: ISO 100

11.3 拍出极简风格的几何画面

在拍摄建筑时让画面中所展现的元素尽可能少，有时反而会使画面呈现出更加令人印象深刻的视觉效果。在拍摄现代建筑时，可以考虑只表现建筑的细节和局部，利用建筑自身的线条和形状，使画面呈现强烈极简风格的几何美感。

需要注意的是，如果画面中只有数量很少的几个元素，在构图方面需要非常精确。另外，在拍摄时要大胆利用色彩搭配的技巧，增加画面的视觉冲击力。

扫描二维码，跟视频学摄影

↻ 建筑拍摄技巧——极简主义拍摄建筑

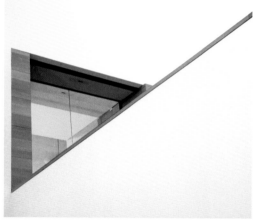

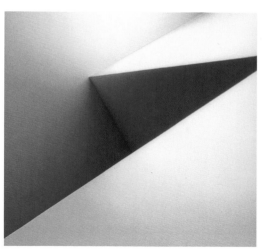

⌒ 摄影师通过利用建筑本身的线条拍出简洁的局部小景，画面中色彩的冲撞形成强烈的视觉效果，给人一种新鲜别致的感觉

11.4 从各种角度全方位拍摄建筑

以不同的角度观察同样的东西会有不同的效果，摄影也是如此，像是拍摄建筑时，俯视拍摄、仰视拍摄、正面拍摄或是侧面拍摄都会呈现不同的画面效果。

在展现建筑全貌时，适合选用正面角度进行拍摄，可将建筑的完整造型纳入镜头以更为直观的方式将其呈现在画面中；另外，还可配以较低机位仰视拍摄，这样既可凸显建筑的高大气势，并使画面获得更强的

透视纵深感，同时还可以将天空更多地纳入画面，避开地面繁复的背景，使主体建筑在画面中显得更加突出。

扫描二维码，跟视频学摄影

◎ 建筑拍摄技巧——不同视角的建筑

◎ 从不同的角度表现建筑，展示了其不同的面，给人以很新鲜的视觉感受

利用仰视拍摄展现建筑的高耸

　　仰视拍摄是建筑摄影最常用的视角，采用这种角度拍出的画面会使建筑物的线条呈现出向画面中心倾斜汇聚的趋势。

　　这种向上汇聚的趋势给建筑物带来了塔式的造型，可以营造出建筑雄伟的气势，表现出建筑的高耸与威严。

⌒ 利用广角镜头仰视拍摄建筑物，可增强建筑物高耸的气势

焦距：15mm　光圈：f/7.1　快门速度：1/200s　感光度：ISO 100

利用平视拍摄展现建筑的真实形态

平视拍摄可以表现出建筑最自然、真实的形态，适合表现建筑的全貌，给人以宽阔、大气的感受。使用这种角度拍摄建筑内部结构时，所获得的原汁原味的建筑细节，让观者对建筑的内部结构有一个细致、全面的了解，增强对建筑整体的认识。

○ **平视角度拍摄的建筑物很有真实感**

焦距：35mm 光圈：f/8 快门速度：1/12s
感光度：ISO125

利用俯视拍摄展现建筑的独特韵律

从拍摄的难度来说，俯视介于仰视与平视之间，因为仰视几乎是天然的，只要站在建筑物的脚下，抬头就可以拍摄；而俯视需要寻找附近的制高点进行拍摄。在表现建筑楼梯的结构时，俯拍可以使观者对整个建筑的独特构造一览无余，而借助于有规律的建筑结构可以形成好看的韵律感。

○ **俯视拍摄楼梯，螺旋状的楼梯由于透视的关系变得很有韵律感**

焦距：24mm 光圈：f/9 快门速度：1/250s
感光度：ISO 400

11.5　呈现建筑风格各异的内景

　　在拍摄建筑时，除了拍摄外部结构之外，也可以进入建筑物内部拍摄风格各异的内景，如大型展馆、歌剧院、寺庙、教堂等建筑物内部都有许多值得拍摄的景物。由于室内的光线较暗，在拍摄时应注意快门速度，如果快门速度低于安全快门，应适当开大几挡光圈。当然，提高ISO感光度、开启光学防抖功能，也都是防止成像模糊的有效方法。

扫描二维码，跟视频学摄影

🎧 建筑拍摄技巧
——弱光展现精致的内景

🔄 以广角镜头呈现出宽阔的室内空间

焦距：20mm
光圈：f/13
快门速度：1/20s
感光度：ISO 1600

11.6 建筑摄影常用构图形式

利用特写展现建筑或精美或奇特的外形

如果觉得建筑物的局部细节非常完美，则不妨使用长焦镜头，专门对其局部进行特写表现。这样可以使建筑的局部细节得到放大，给观众留下更加深刻的印象。

以故宫这类皇家建筑为例，其建筑主次分明、富于节奏感，在色彩上较为浓艳且对比强烈，红色院墙、金光闪闪的屋顶，配合以蔚蓝色的天空作为背景，是最经典的呈现方式之一。在取景时，不妨以屋檐下富于韵律的装饰、屋檐上的角兽以及栏杆等具有代表性的细节为主进行拍摄。

采用近乎垂直仰视这样的极端角度，拍摄到了独特的建筑造型，令人印象深刻

焦距：200mm 光圈：f/7.1 快门速度：1/250s 感光度：ISO 200

扫描二维码，跟视频学摄影

建筑拍摄技巧——不同焦距的建筑

从精致的雕塑细节可看出此建筑的华丽风格

焦距：200mm 光圈：f/8 快门速度：1/500s 感光度：ISO 200

利用合适的构图使画面具有韵律感

韵律原本是音乐中的词汇，但实际上在各种成功的艺术作品中，都能够找到韵律的痕迹。韵律的表现形式随着载体形式的变化而变化，均可给人节奏感、跳跃感与生动的感受。

建筑物被称为凝固的乐曲，意味着在其结构中本身就隐藏着节奏与韵律，这种韵律可能是由建筑线条形成的，也可能是由建筑物自身的几何结构形成的。

⊃ 利用镜头的广角端拍摄的画面，强烈的透视使画面看起来很有视觉冲击力，给人一种全新的视觉美感

焦距: 17mm　光圈: f/9　快门速度: 1/320s　感光度: ISO 100

拍摄建筑物时，需要不断调整视角，通过运用画面中建筑物的结构为画面塑造韵律。例如，一排排窗户、一格格玻璃幕墙，都能够在一定的角度下表现出漂亮的形式美感。

利用框式构图使建筑画面中出现窥视感

窥视欲是人类与生俱来的一种欲望，摄影从小小的取景框中看世界，实际上也是一种窥视欲的体现。在探知欲与好奇心的驱使下，一些非常平淡的场景也会在窥视下变得神秘起来。

拍摄建筑时，可以充分利用其结构，使建筑在画面中形成框架结构，并通过强烈的

明暗、颜色对比引导观者关注到拍摄主题，使画面产生窥视的感觉，从而使照片有一种新奇的感觉。

框架结构还能给观者强烈的现场感，使其感觉自己正置身其中，并通过框架观看场景。另外，如果框架本身具有形式美感，能够为画面增加美感。

扫描二维码，跟视频学摄影

🎧 建筑拍摄技巧
——建筑摄影构图

⊃ 摄影师通过利用鱼眼镜头拍摄天桥，使画面呈一种类似哈哈镜的效果，给人一种窥视感，这可以算是一种极为特殊的框式构图

焦距: 8mm　光圈: f/8　快门速度: 5s　感光度: ISO 400

利用一点透视表现建筑的纵深感

　　如果想要表现建筑的纵深感，可以抓取建筑中深邃的走廊等具有汇聚性的结构，采用一点透视构图的方式进行拍摄，不仅可使画面纵深感加强，还可形成很强的视觉冲击力。

　◌ 一点透视的夸张视觉效果可表现建筑物的纵深感

焦距：14mm　光圈：f/8　快门速度：1/60s
感光度：ISO 800

利用对称再现建筑的完美造型

　　对称式构图在建筑摄影中运用得非常频繁。大多数建筑物在建造之初，就充分地考虑了左右对称，因为对称的建筑能使它更加平衡和稳定，而且对称的建筑在视觉上也给人一种整齐的感觉。如中国传统的宫殿建筑、民居，大多数都是对称式的。

　　在构图时，要注意在画面中安排左右对称的元素。对称式构图拍摄的建筑整齐、庄重、平衡、稳定，可以烘托建筑物的恢宏气势，尤其适合表现建筑物横向的规模。

　　但也有的摄影家在拍摄时，会有意去避免完全对称的画面，而在一侧适当地安排前景或其他元素，可以避免画面过于呆板。

　　还有另一种特殊的对称构图，即不是表现建筑物本身的对称，而是选择在有水面的地方拍摄建筑，水上的建筑和水下的倒影形成了一组对称。如果此时湖面正好有波澜，则水上的实景和水下随风飘动的倒影会形成鲜明的对比效果。

　　拍摄对称式的建筑物，要注意取景时画面的水平位置是否正确，倾斜的水平线会影响拍摄的效果。近年有不少中高端数码单反相机都具有内置电子水平仪功能，在拍摄时不妨尝试使用。

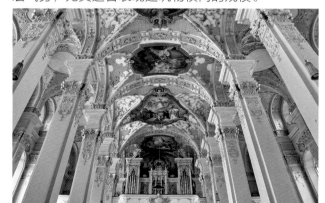

　◌ 采用对称式构图可凸显建筑物的高大、华丽，同时还很好地突出了建筑内部的韵律感

焦距：35mm　光圈：f/16　快门速度：1/50s
感光度：ISO 800

利用点与形的韵律表现建筑的结构美感

建筑由于自身的性质，呈现出很多结构美感。简单来说，有点状的美感、线条结构的美感和几何结构的美感等。

在拍摄建筑时，如果能抓住建筑的这些点与形所展现出的韵律美感进行拍摄，可以将建筑的结构表现得很好。

⌚ 摄影师以广角镜头拍摄室内场景，天顶上垂下的吊灯、墙壁与地面表现出了对称的美感，而这对称的美感之中又包含了点、线、面的欢快节奏与韵律

焦距: 17mm 光圈: f/8 快门速度: 0.3s 感光度: ISO 400

利用线条与颜色构成建筑的形式美感

建筑本身具有各种各样的线条，利用其自身所有的直线、曲线交错的美感进行拍摄，会形成很强烈的形式美感。如果想获

得更加完美的效果，可以对建筑本身的色彩加以结合，从而使画面效果锦上添花。

⌚ 用线条将建筑物分割成几何图形，使画面看起来很有形式美感

焦距: 30mm
光圈: f/10
快门速度: 1/60s
感光度: ISO 400

运用点、线、面塑造建筑的形式美

大多数建筑自身都呈现出形式美感，例如直上直下的建筑显得简洁、明快，造型多变的建筑显得虽复杂却具有结构美感，线条流畅的建筑显得有韵律与节奏，优美的建筑结构犹如凝固的乐符。

在拍摄建筑时，如果能抓住建筑结构所展现出的形式美感进行拍摄，充分利用点、线、面来塑造形式美感，就能得到非常优秀的作品，在拍摄这样的照片时可以考虑从建筑整体还是局部入手。

扫描二维码，跟视频学摄影

◯ 建筑拍摄技巧——建筑的形式美感

◯ 点、线、面组合成具有丰富元素的画面

焦距: 35mm　光圈: f/8
快门速度: 1/500s　感光度: ISO 100

11.7 用不同的光线塑造建筑

建筑摄影的用光不仅体现在光源方面，它还包括装饰性的灯光，但不论是哪种灯光，拍摄者都必须能够熟练地运用。

利用逆光拍摄剪影形式的建筑

许多建筑物的外观造型非常美观，对于这样的建筑物，可在傍晚时分进行拍摄，使用逆光角度，可以拍摄出漂亮的建筑物剪影效果。

建筑拍摄技巧——建筑的拍摄用光

⤷ 利用夕阳逆光拍摄剪影是一种最常见的建筑摄影表现形式，可使画面简洁明了

焦距：200mm　光圈：f/4　快门速度：1/1000s
感光度：ISO 100

▨　在具体拍摄时，只需要针对天空中的亮处进行测光，建筑物就会由于曝光不足，呈现出黑色的剪影效果。

▨　如果按此方法得到的是半剪影效果，还可以通过降低曝光补偿使暗处更暗，建筑物的轮廓外形就更明显。

▨　在使用这种技法拍摄建筑时，建筑的背景应该尽量保持纯净，最好以天空为背景。

▨　如果以平视的角度拍摄，背景出现杂物，如其他建筑、树枝等，可以考虑采用仰视的角度拍摄。

利用顺光拍摄画面明亮的建筑

建筑物在顺光条件下被照射得清晰明亮，因此可以很好地表现景物的细节。不过，顺光条件下拍摄的建筑物色彩反差比较小，画面缺乏明暗对比，对于建筑物立体感的表现效果比较差，同时缺乏层次和透视感。

⤷ 顺光拍摄建筑虽然缺少层次感，但能很好地表现出建筑的细节

焦距：28mm　光圈：f/9　快门速度：1/200s
感光度：ISO 200

利用前侧光拍摄结构明显的建筑

利用前侧光拍摄建筑时，由于光线的原因，画面中会出现阴影或者投影，比较明显的明暗对比有利于表现结构明显的建筑，可以使其看起来更有立体感。在这种光线条件下，可以使画面产生比较完美的艺术效果，拍摄者可以利用更多的空间来实现各种创作意图。

斑驳的光影有利于凸显历史的沧桑感与时空感，对于那些具有悠久历史的古迹，如兵马俑、圆明园、长城、故宫、敦煌莫高窟、少林寺等，如果在拍摄时能寻找到这样的光线，就能拍摄出感染力极强的作品。

⊙ 使用前侧光拍摄建筑物，由于光比不会很大，所以很适合表现建筑的立体感及其细节

焦距: 19mm 光圈: f/9 快门速度: 1/400s 感光度: ISO 100

11.8　拍摄古建常用表现手法

利用近景表现华丽的古建屋脊

中国古典建筑可以说是世界木结构斗拱建筑的巅峰，以其独特的建筑风格和精良的建筑技艺在世界建筑史上占据十分重要的位置。由于这样的古建往往是旅游名胜，人流如织，如果拍摄其整体则必然会将许多游人拍在画面中，从而破坏画面的整体美，因此拍摄这样的古建时，应该多用近景拍摄。

古建屋脊由于具有丰富的线条与装饰雕塑，可以作为首要的拍摄题材，以故宫为例，其作为古代建筑的代表、天子的居所，对屋顶的设计有严格的要求，不但做工异常精美，而且无论是七彩的琉璃瓦还是屋檐活灵活现的雕塑都十分考究。具有尊贵感的金黄色琉璃瓦为皇室专用，而绿色则为皇子屋顶琉璃瓦的颜色。站在不同的角度望去，色彩斑斓，美不胜收。

在拍摄时可以用长焦镜头以天空为背景进行构图拍摄。

古建屋脊上的雕塑也是值得关注的拍摄题材，每一个雕塑均有优美的造型，主要用来驱逐来犯的厉鬼，守护家宅的平安，并冀求丰衣足食、人丁兴旺。如故宫太和殿的垂脊兽，其数目就有11个，在当头的"骑风仙人"后面，神兽排列顺序依次为龙、凤、狮子、天马、海马、狻猊、押鱼、獬豸、斗牛、行什。又如，漳州东山关帝庙屋脊上惟妙惟肖、色彩艳丽的剪瓷雕塑也非常著名，因为那不是一般的雕塑，而是一片一片色彩丰富、质地坚硬的瓷片、玻璃、贝壳剪贴而成的"剪瓷雕"。

在拍摄这些雕塑时，应该以仰视的角度将蓝天作为背景进行拍摄，此时长焦镜头会比中焦镜头更有利于摄影师对屋脊上的雕塑以近景形式来表现。

◎ 建筑拍摄技巧——
标新立异的角度

◎ 仰视拍摄古建屋脊，利用光线的明暗变化增强了画面的立体感

◎ 用三角形构图将房屋一角很稳定地记录下来，细心观察会发现，画面中的点动成线，形成优美的L形，让照片本身美感十足

◎ 故宫屋脊上的瑞兽雕塑

◎ 光影斑驳下的屋脊瑞兽雕塑

降低曝光补偿表现古建筑的沧桑感

如果拍摄的是古建筑，如司马台古长城、圆明园、颐和园，应重点表现一种古老、沧桑的感觉。可以在画面中摄入一些残破、衰败的元素，以增强画面的气氛。例如在画面中纳入一些残砖、碎瓦，或者在前景中纳入一些枯枝、茅草。

为了在色调上配合这种历史感与沧桑感，可以适当降低曝光补偿，使照片的色调更浓郁、深沉。

◯ 为了体现圆明园建筑的沧桑感，摄影师在拍摄时降低了一挡曝光补偿，使画面看起来更具有历史性和故事性

焦距: 70mm　光圈: f/9
快门速度: 1/80s　感光度: ISO 100

利用合适的光线以质感表现古建

对于文物古迹摄影来说，除了可以表现建筑物的雄伟和古老之外，还可以将表现重点放在突出表现其质感的方面，例如，圆明园石柱的粗糙、故宫围墙上剥落的红色墙皮、布达拉宫大门的铜钉等。

在拍摄这些细部时首先要注意焦点清晰，最好使用较小光圈制造较大的景深，从而清晰地展现要拍摄部分的细部。

在光线方面非常重要，最好使用侧光，像顺光在表现质感方面较弱，而逆光会使拍摄主体上有质感的局部由于曝光不足，而被淹没在阴影中。而侧光可以使其形体更加明显，且一半的阴影可营造一种沉重感，很适合表现古建久远的感觉。

◯ 摄影师通过利用侧光拍摄教堂的砖体雕塑，强烈的明暗对比使雕塑的质感得到很好地表现

焦距: 170mm　光圈: f/20
快门速度: 1/125s　感光度: ISO 200

217

雕刻与摄影同为艺术表现形式，有人形象地将摄影比喻为"雕刻时光"，通过快门对时间的凝结，光圈对光线的捕捉，"时光"被雕刻在画面中，在拍摄古建时要留意那些斑驳的光影感，这样的光线往往能够为古建增添沧桑感与岁月魅力。

⚲ 太阳光营造出的前侧光使盘龙雕刻显得精美且很有立体感，斑驳的光影效果为过于规整的拍摄对象增添了神秘感与审美情趣

焦距：20mm 光圈：f/7.1 快门速度：1/100s 感光度：ISO 400

11.9 拍摄秀丽园林 5 大要点

山、水、亭台是中国园林的代表元素，也是国人对人与自然关系的一种认知与处理方式。通过艺术工匠们不同的艺术表现手法，以小见大，将亭台楼阁、湖光山色集于一园，使游人有移步换景、曲径通幽的感觉。除了颐和园等大型皇家园林外，许多古典园林的景观布置都比较紧凑，因此要拍好园林应该注意以下几点。

避让游人

为了获得纯净的画面，应该使用三脚架，找到合适的拍摄位置并设置好构图，耐心等待要拍摄的画面中没有游人时进行拍摄，此时可以用实时取景功能直接查看液晶显示屏，而无需每一次都使用取景器目镜。

了解园林特色

每一个园林都有其主要特色，这些特色则是摄影师应该重点关注的摄影题材，因此拍摄前，应该事先了解这些特色景观，同时考虑拍摄地点和光线的照射角度关系，以提高拍摄的成功率。

使用广角镜头

许多园林的景点占地十分狭窄，为了避免重点景观拍不全，应该使用广角镜头，如果没有广角镜头，退而求其次的方法是多拍摄几张，并在后期处理时对照片进行拼接。

善用包围曝光

考虑到园林景区中的树木会形成浓荫，与阳光下的景物形成较大的明暗反差，为了避免曝光过度或损失阴暗部分的细节层次，应该用包围曝光的方法进行拍摄。如果使用的是尼康相机，则可以按下 BKT 按钮并转动主指令拨盘调整拍摄的张数；转动主指令拨盘可以调整包围曝光的范围。对佳能相机来说，可以在"拍摄菜单"中选择"曝光补偿／AEB"选项，然后转动主拨盘以设置包围曝光的范围。

框式构图

在拍摄园林时，可利用山、水为框，以框式构图表现亭台。

⊕ **在一个画面中恰到好处地组织了假山、碧水与漂亮的亭子[上海豫园]**

焦距：24mm 光圈：f/22 快门速度：1/320s 感光度：ISO 200

CHAPTER 12

夜景摄影技法16例

12.1　夜景摄影的准备工作

选择合适的器材拍摄夜景

拍摄城市夜景时，通常为了获得更大的景深，需要使用 f/8、f/11 甚至更小的光圈。此时，为了获得足够的光线，常常需要使用较慢的快门速度，曝光时间一般可达十几秒甚至更长的时间。在这么长的时间里，任何微小的震动都有可能导致画面模糊不清，因此，在拍摄时使用三脚架就成为一种必然。

如果专门购买一根快门线，就可以避免按下快门时所产生的震动，从而获得清晰的画面。

⌂ 通过长时间曝光在画面中形成好看的线条

焦距: 23mm　光圈: f/14　快门速度: 15s　感光度: ISO 400

选择最佳的时间拍摄夜景

夜景拍摄不一定非要在晚上进行，黄昏华灯初上之际，利用天空中的光线，配合长时间曝光与小光圈的使用，在较高的位置进行俯拍，能够获得场面宏大、远景清晰、灯光绚丽的城市夜景照片。

○ 在华灯初上时，蓝色的夜幕使画面看起来更加好看

焦距: 19mm　光圈: f/7.1　快门速度: 8s　感光度: ISO 100

12.2 夜景摄影的曝光技巧

拍摄城市夜景时，由于场景的明暗差异很大。因此，为了获得更精确的测光数据，通常应该选择中央重点测光或点测光模式，然后选择比画面中最亮区域略弱一些的区域进行测光，以保证高光区域能够得到足够的曝光。在必要的情况下，应该减少0.3～1挡曝光补偿，以使拍摄出来的照片能够表现出深沉的夜色。

由于拍摄夜景时，曝光时间通常较长，因此一定要使用三脚架，必要的情况下还应该使用快门线或自拍功能，以在最大程度上确保画面的清晰度。

⊃ 使用较小的光圈，在保证景深的同时，还可使点状光源形成光芒效果

焦距: 8mm 光圈: f/16 快门速度: 12s
感光度: ISO 1000

↻ 为提高快门速度，可以提高感光度，但注意不要将其设置得太高，以免画面出现噪点

焦距: 75mm 光圈: f/4 快门速度: 1/25s 感光度: ISO 3200

实际上，拍摄夜景时即使设置较低的 ISO 数值，在长时间曝光的情况下，也极易出现噪点而使画面变得很粗糙，因此，拍摄时要秉着"宁欠勿曝"的原则尽量缩短曝光时间，然后在后期处理时再对曝光效果进行修正。

⚪ 用尽可能低的感光度，有助于保证画面的质量

焦距: 24mm　光圈: f/4　快门速度: 6s　感光度: ISO 200

⚪ 使用B门拍摄时，通过长时间曝光可将车灯拍成流水状

焦距: 18mm　光圈: f/11　快门速度: 45s　感光度: ISO 400

如果觉得最慢 30s 的快门速度仍不能满足拍摄要求，则可以调到 B 门模式。使用 B 门模式拍摄时，可以以任意长时间进行曝光，以满足更长时间曝光以及个性化的拍摄需求。

扫描二维码，跟视频学摄影

⚪ 建筑拍摄技巧——城市夜景

12.3　拍出漂亮的蓝调夜景

夜幕初降前后是夜景拍摄的最佳时机。在这段时间内，从太阳落山到天色完全变黑，天空会经历一个由白转为浅蓝再变成深蓝的过程，一般持续20分钟左右。由于此时，天空有天光，地面又恰是华灯初上时，因而拍摄出来的照片中既有灿烂的灯光，又有能分辨出明显的轮廓的地面建筑、树木，画面显得更丰富。

拍摄时若想将宝石蓝的天空摄入画面，就必须在太阳沉入地平线之前赶到拍摄现场，遵循先东后西的顺序拍摄，这样就能够在天空在白、蓝、黑三种颜色转变的过程中拍出漂亮的夜景。如果，希望增强画面的蓝调效果，可以将白平衡模式设置为白炽灯模式，或者通过手调色温的方式将色温设置为较低的数值。

另外，有时夕阳西下时，西方天空会出现美丽的晚霞并与华灯、落日交相辉映，拍摄起来会获得别样的画面效果。

◐ 傍晚，宝蓝色的天空与闪亮的城市灯光形成鲜明的色彩对比，使城市夜景显得更加迷人

焦距: 28mm　光圈: f/13
快门速度: 30s　感光度: ISO 100

◐ 傍晚拍摄夜景，将白平衡调至钨丝灯模式，并利用小光圈配合三脚架的使用，以获得大视角的蓝色调画面

焦距: 18mm　光圈: f/22
快门速度: 7s　感光度: ISO 100

12.4 运用灯光展现夜景建筑的繁华与现代

利用动感车流打破夜景的安宁

结合建筑记录夜间动感的车流光迹，可打破夜景的安宁气氛，是常见的建筑摄影手法。只要将相机固定在三脚架上，选择较慢的快门速度（如20s）进行拍摄即可，最好使用快门线拍摄，注意如果曝光时间不够长，画面中可能会出现断开的线条，导致画面不够美观，要拍好这一题材，要注意以下拍摄要点。

- 使用三脚架，以确保在曝光时间内，相机处于绝对稳定的状态。
- 选用镜头的广角端或广角镜头使视野更开阔。
- 将曝光模式设置为快门优先曝光模式，以通过设置较低的快门速度来获得较长的曝光时间。
- 在能够俯视车流的高点进行拍摄，如高楼的楼顶或立交桥上。
- 汽车行进的道路最好具有一定的弯曲度，从而使车流形成的光线在画面中具有曲线的美感。
- 半按快门对被拍摄场景车流附近的静止物体进行对焦，确认对焦正确后，可以切换为手动对焦状态。
- 将测光模式设置为矩阵测光模式。

⋒ 利用不同颜色的灯光表现车流，在暗色背景的衬托下显得非常突出

焦距: 50mm 光圈: f/8 快门速度: 10s 感光度: ISO 800

利用鸟瞰拍摄繁华的万家灯火

在拍摄万家灯火时，通常需要选择制高点以俯视的角度鸟瞰拍摄，这样可以将尽更多的景象纳入画面，使观赏者产生一种居高临下的感觉，更有利于表现城市夜晚的繁华。

⋒ 俯视拍摄建筑群时，使用广角镜头拍摄可获得更广的视野

焦距：12mm 光圈：f/16 快门速度：20s 感光度：ISO 800

利用灯饰点缀表现夜景中的建筑

城市夜景的建筑少不了各种灯饰的点缀，城市的夜景也因建筑灯饰的点缀而变得更加繁华。

使用小光圈可将点光源表现为星光的效果。光圈越小，星芒越细长、尖锐。灯光产生的星芒条数与镜头的光圈叶片数有关，因此使用不同的镜头拍摄时，有可能出现不同的星芒效果。

拍摄时要注意不可使用过小光圈，因为当所使用的光圈过小时，会由于光线的衍射效应，导致画面的质量下降。

⋒ 使用小光圈拍摄到的星芒效果，画面有种童话般的感觉

焦距：12mm 光圈：f/16 快门速度：70s 感光度：ISO 100

12.5　缤纷烟花的拍摄技巧

拍摄烟花前的准备工作

在拍摄烟花之前需要准备充足的电池。因为在弱光下拍摄时，需要较长的曝光时间，还需要携带三脚架、快门线。需要注意的是，不要在逆风和顺风的位置拍摄，逆风时烟雾会向摄影师飘来而影响视线，顺风时白色的烟雾会飘在烟花的后面成为其背景，影响烟花色彩的表现。

如果拍摄大场景的焰火，摄影师最好站在视野开阔的高处进行拍摄，并利用附近的建筑物衬托烟花，这样还可以避免拍摄到人头。

◖ 选择视野广阔的地点拍摄大场景的烟花

焦距: 22mm　光圈: f/10
快门速度: 7s　感光度: ISO 800

选择恰当的光圈和快门速度组合拍摄烟花

烟花从升起到消失一般需要5~6秒，而最美丽的画面往往出现在前2~3秒，所以在拍摄时，应尽量将曝光时间控制在这个范围之内。烟花绽放时，亮度会比之前的测光值要高，因此应适当地减小光圈值。

扫描二维码，跟视频学摄影

∩ 摄影学习理论——多看绘画作品

◖ 如果拍摄烟花时使用过小的光圈和较慢的快门速度，容易出现曝光不足的问题，合适的光圈和快门速度组合可以完美地展示烟花的绚丽

焦距: 22mm　光圈: f/10
快门速度: 7.7s　感光度: ISO 800

利用B门将几朵烟花曝光在同一画面中

如果想要拍摄一个完整的烟花，而又不能让下一个烟花影响画面的话，需要在烟花上升时打开快门，在下一个烟花出现而这个烟花消失前关闭快门。采用B门曝光模式，可以将不同时段绽放的烟花齐聚在同一画面上。按下快门后，用不反光的黑卡纸挡住镜头，每当有合适的烟花出现时，就移开黑卡纸让相机曝光2~4秒，多次以后（移开几次的时间需要计算好，不能超出正确曝光所需的时间），关闭快门就可以得到多重烟花同时绽放的照片。

扫描二维码，跟视频学摄影

⊖ 摄影学习理论——好照片的双重标准

⋒ 各种烟花被记录在同一张照片上

焦距: 16mm 光圈: f/4 快门速度: 4s 感光度: ISO 800

12.6　星轨的拍摄技巧

面对满天的繁星，如果使用极低的快门速度进行拍摄，随着地球自转运动的进行，星星会呈现为漂亮的弧形轨迹。如果时间够长的话，会演变为一个个圆圈，仿佛一个巨型的漩涡笼罩着大地，获得正常观看状态下无法见到的视觉效果，使画面充满了神奇色彩。若想记录下漫天的星轨景象，首先要了解关于星轨摄影各方面的准备。

拍摄前期准备

1.前期准备

要有一台单反或微单（全画幅相机拥有较好的高感控噪能力，画质会比较好），一个大光圈的广角或超广角又或者鱼眼镜头，还可以是长焦或中焦镜头（拍摄雪山星空特写），快门线，相机电池若干，稳定的三脚架，闪光灯（非必备），可调光手电筒，御寒防水衣物，高热量食物，手套，帐篷，睡袋，防潮垫，以及一个良好的身体。

2.镜头的准备

超广角焦段

以14mm～24mm/16mm～35mm这个焦段为代表，这个焦段能最大限度地在单张照片内纳入更多的星空，尤其是夏季银河（蟹状星云带）。14mm的单张竖排星空，即使在没有非常准确对准北极星的时候，也能拍到同心圆，便于构图。

广角焦段

以24mm～35mm这个焦段为代表，虽然没有超广角纳入那么多的星空，但由于拥有1.4大光圈的定焦镜头，加之较小的畸变，这个焦段拍摄的画面很适合做全景拼接。

鱼眼

鱼眼通常焦距为16mm或更短，视觉接近或等于180°，是一种极端的广角镜头。利用鱼眼镜头可很好地表现出银河的弧度，使得画面充满戏剧性。

拍摄星轨的对焦技巧

在对焦时，星光比较微弱，因而可能很难对焦，此时建议使用手动对焦的方式，至于能否准确对焦，则需要反复拧动对焦环进行查看和验证了。如果只有细微误差，通过设置较小的光圈并使用广角端进行拍摄，可以在一定程度上回避这个问题。

⟳ 拍摄星轨时，将地面景物也纳入画面中可丰富画面元素

焦距：17mm　光圈：f/10　快门速度：2145s
感光度：ISO 800

两种拍摄星轨的方法及其各自的优劣

通常来说，星轨有两种拍摄方法，分别为前期拍摄法与后期堆栈合成法。

前期拍摄法是指通过长时间曝光前期拍摄，即拍摄时用B门进行摄影，拍摄时通常要曝光半小时甚至几个小时；

后期堆栈合成法是指使用延时摄影的手法进行拍摄，拍摄时通过设置定时快门线，使相机在长达几小时的时间内，每隔1秒或几秒拍摄一张照片，完成拍摄后，在Photoshop中利用堆栈技术，将这些照片合成为一张星轨迹照片。

二者各有其优劣，下面分别从不同的角度对比分析一下它们的特点。

曝光时间影响：由于实际拍摄时，可能存在"光污染"问题，例如城市中的各种人造光、建筑反光等，虽然肉眼很难或无法看到，但在长达数百分钟的曝光时间下，会逐渐在照片中显现得越来越明显。因此，若是使用前期长曝拍摄法，则曝光时间越长，越容易受到"光污染"的影响；反之，若是使用后期叠加法只要单张照片不曝光过度，最终叠加好的星轨就不会曝光过度。

噪点影响：使用前期长曝拍摄法时，往往需要设置较高的ISO感光度并进行超长时间的曝光，因此很容易出现高ISO噪点与长时间曝光噪点，此外，由于长时间曝光，相机会逐渐变热，还会由此导致热噪点的产生；若是使用后期叠加法，则可以避免长时间曝光噪点与热噪点，同时，在后期叠加时，还会在一定程度上消除高ISO产生的噪点，因此画质更优。

星光疏密影响：使用前期长曝拍摄法时，星光的疏密对最终的拍摄结果有直接影响；后期叠加法可以通过拍摄多张照片，在很大程度上弥补星光过于稀疏的问题。

相机电量影响：使用前期长曝拍摄法时，由于只拍摄一张照片，因此要求在拍摄完成之前，相机必须拥有充足的电量，否则可能前功尽弃；使用后期叠加法，由于是拍摄很多照片进行合成，即使电量耗尽，损失的也只是最后拍摄的一张照片，对整体的照片不会有太大影响。

需要注意的是，无论用哪一种拍摄手法，为了保证画面的清晰度与锐度，一个稳定性优良的三脚架是必备的。如果风比较大的话，还需要在三脚架上悬挂一些有重量的东西，以防止三脚架不够稳固，同时也可使用一些能挡风的工具为相机挡风。

⊃ 利用延时摄影的手法进行拍摄，并后期合成奇幻的星轨，这样的拍摄方式得到的画面会比较精细（连续拍摄200张合成得到）

焦距：14mm　光圈：f/6.3
快门速度：1/2600s
感光度：ISO 800

12.7　皓月当空美景的拍摄技巧

合适的曝光得到层次细腻的月亮

拍摄月亮有一条通用的法则，即拍摄满月用 f/11 光圈，拍摄弦月用 f/8 光圈，拍摄新月则用 f/5.6 光圈。虽然在黑夜中，其实月亮要比我们想象的亮，拍摄月亮最忌讳曝光过度，曝光过度会使月亮成为一个白圈。因此，拍摄月亮时通常需要减少 1~2 挡曝光补偿。

⚫ 适当地减少曝光补偿可以使月亮的细节更丰富

焦距：34mm　光圈：f/5.6　快门速度：1/90s　感光度：ISO 200

适当的快门速度得到清晰的月亮画面

由于月亮是在不断运动的，如果使用过慢的快门速度，即使是将相机放在三脚架上，拍摄出来的画面也是模糊的。因此在拍摄时，可根据拍摄现场的光线环境来选择合适的快门速度，快门速度尽量不要超过1 秒。

⚫ 选择合适的曝光时间以保证月亮清晰成像

焦距：170mm　光圈：f/8　快门速度：1/10s　感光度：ISO 100

通过焦段控制月亮在画面中的大小

拍摄月亮时，变焦倍数越大，拍到的月亮就越大。用标准镜头拍摄时，月亮在画面中的直径大概只有 0.5mm，但当使用长焦镜头的 400mm 焦段拍摄时，月亮在画面中的直径可达 4mm。使用长焦镜头再配合增距镜，可以使月亮充满画面。

⚫ 使用长焦镜头拍摄，可以使月亮在画面中所占面积增大

焦距：300mm　光圈：f/5.6　快门速度：1/15s　感光度：ISO 200

CHAPTER 13

野生动物与宠物
摄影技法19例

13.1 野生动物的拍摄技巧

细心观察是获得野生动物好照片的关键

拍摄野生动物时摄影师多处于被动地位，不能支配动物的行为，因此需要熟悉野生动物的习性和生活规律，这一点既可亲自观察，也可向当地人请教。掌握了野生动物的习性和生活规律后，摄影师在拍摄时就能相对主动一些了。

如果拍摄比较笨拙并且没有危险性的动物，可以稍微离得近一些，如近距离观察、拍摄熊猫，抓拍一些它们玩耍、睡觉时的自然状态，会让照片更有趣味。

通过细心观察可以发现更多精彩的瞬间，例如"母子情深"的动人场面、热恋中的情人"缠绵"场面以及难得一见的求偶场面等。

◐ 了解了这种动物的习性后，就可以在较安全的距离处进行拍摄，以免被动物所伤，或把动物吓跑

焦距：270mm 光圈：f/8 快门速度：1/100s
感光度：ISO 400

◑ 环境交代了动物的生活状态，黄色的草和远处孤单的小树，展示出这是非洲大草原的景象

焦距：100mm 光圈：f/11 快门速度：1/30s 感光度：ISO 250

使用长焦镜头是拍摄野生动物的必备利器

拍摄野生动物一定要使用长焦镜头，而且最好使用300mm以上的焦距。因为对于某些凶猛的野生动物来说，如果使用短焦距镜头拍摄，就要靠近野生动物，这样做是十分危险的。而使用长焦镜头拍摄，就可以在很远的地方隐蔽起来，从而避免被野生动物发现而逃离现场，这样就可以拍摄到自然状态下的野生动物。同时，使用长焦镜头拍摄还可以获得较好的背景虚化效果，从而突出拍摄对象的形象。

当然，对于一些比较"亲人"的小动物，使用相对短一些的焦距也能满足拍摄需求。

由于拍摄野生动物经常

要使用长焦镜头，而长焦镜头的安全快门速度很高，以300mm镜头为例，安全快门速度是1/300s，如果此时所用镜头的最大光圈不够大的话，很容易导致所拍画面曝光不足。由于放慢快门会导致成像模糊，所以最好使用f/2.8的大光圈长焦距镜头，并且一定要使用三脚架保持相机的稳定，同时也要注意隐蔽三脚架，以避免引起野生动物的注意。

◯ **使用500mm的长焦镜头拍摄到的金钱豹**

焦距: 500mm 光圈: f/4
快门速度: 1/125s 感光度: ISO 800

◯ **使用三脚架拍摄，可以在光线较弱的情况下拍摄到清晰的动物照片**

焦距: 200mm 光圈: f/2.8
快门速度: 1/800s 感光度: ISO 800

背景的选择是突出野生动物的好方法

拍摄野生动物时，也应注意背景的选择。选择简洁的背景或色彩相对集中的背景，才能使拍摄的主体更加突出。如果主体的色彩和背景的色彩能形成鲜明的对比，则画面效果会更加出色。

背景也不是只要纯"野味"或者虚化掉就行的，要和被拍动物的形态、习性尽量协调才好，并且不能在画面中喧宾夺主。作为决定画面基调的元素也要多加讲究。

◎ 动物的颜色与背景中草地的色彩形成鲜明的对比，从而使主体显得更为突出

焦距：220mm
光圈：f/4
快门速度：1/125s
感光度：ISO 200

利用局部特写可以突出野生动物的特点

在拍摄野生动物时，不一定非要拍摄野生动物的整体，也可以抓住它最有特点的局部特征进行重点表现，利用小景深的形式，更好地突出动物的特点，这样的画面看起来更有视觉冲击力。

扫描二维码，跟视频学摄影

🎧 摄影学习理论——四位摄影大师的分析

◎ 拍摄的是鳄鱼的头部和嘴部，这样的表现效果要比拍摄鳄鱼全身更具视觉冲击力

焦距：270mm
光圈：f/4
快门速度：1/320s
感光度：ISO 200

尽量平视拍摄野生动物得到有真实感的画面

　　动物可不会像人一样，当你俯视它的时候，抬起头配合地让你拍，所以，为了更好地表现动物的表情，为作品添色，在拍摄时应压低你的视角，尽量以平视的角度拍摄，因此也就需要经常采用蹲姿或趴在地上，才能拍出动物有趣的神态。如果实在不方便的话，也应该尽量站在距离动物较远的一侧进行拍摄。

⊃ 平视总是能更好地呈现动物的表情与神态，虽然不得不趴在地上，但能够拍摄到猎豹直视镜头即将发怒的样子也值得了

焦距: 200mm
光圈: f/4
快门速度: 1/640s
感光度: ISO 200

抓住时机表现动物温情一面

一幅画面如果在令人赏心悦目之余，还能引起情感上的一些触动和共鸣，肯定更生动自然，更有感染力，尤其动物们本就具有很多与人类情感相通之处，甚至能令人为之折服。只要耐心寻找和等待，肯定不缺少这样的时刻。

对几种动物共处的情况要多加注意，观察它们之间的关系，是保持距离还是共聚一堂。同种动物则重点留意一家大小在一起的时候，亲情常会在很多不被注意的举首投足间自然流露出来。

∩ 舔舐是动物间表达感情的一种方式，增强了画面的温情效果，给人以亲切感

焦距：350mm　光圈：f/6.3　快门速度：1/160s　感光度：ISO 20

逆光下表现动物的毛发

大部分动物的毛发在侧逆光或逆光的条件下，会呈现出半透明的光晕感。因此运用这两种光线拍摄毛发丰富的动物时，不仅能够生动而强烈地表现出动物的外形和轮廓，还能够在相对明亮的背景下突出主体，使主体与背景分离。

在拍摄时，应该利用点测光模式对准动物身体上稍亮一点的区域进行测光，从而使动物身体轮廓周围的半透明毛发呈现出一圈发亮的光晕，同时兼顾动物身体背光处的毛发细节。

⤵ 逆光下动物母子身体出现漂亮的轮廓光，漂亮的光斑背景营造了一种宁静的美感

焦距：285mm　光圈：f/2.8　快门速度：1/800s
感光度：ISO 3 20

13.2　动物园里动物的拍摄技巧

虚化背景是拍摄动物的常用手法

　　到动物园拍照，不怕镜头长，有多长的镜头就带多长的，为了使画面中的动物主体突出，还可以在光圈优先模式下将光圈调至最大以有效虚化背景。

　　由于大多数镜头在最大光圈下的成像质量要低于略小一级光圈时的成像质量，因

此采用上述方法拍摄时要注意设置的光圈应适度。

　　用长焦距拍摄，稳定是最关键的，三脚架当然最好，不过用起来不方便，人多也不一定有地方支。把相机按在栏杆、扶手上或靠着柱子拍能提高不少成功率。

　　使用长焦镜头拉近主体的同时，也压缩了画面背景，此时即使不使用很大的光圈同样也可以虚化背景，突出主体

焦距: 260mm　光圈: f/5.6　快门速度: 1/500s　感光度: ISO 100

表现眼睛是照片传神的关键

"眼睛是心灵的窗户",透过眼睛可以观察出喜怒哀乐,通过对眼神的精彩抓拍,能使摄影作品更具感染力与魅力,传达出更多的画面信息。

对动物眼睛精彩形态和神情的抓取,需要摄影师具有敏锐的洞察力,并把握好抓拍的时机。

⋔ 凶猛的狼群,流露出警惕的眼神,充分展现了这种动物的本性

焦距: 350mm　光圈: f/4　快门速度: 1/400s　感光度: ISO 500

手选对焦点可确保动物清晰

动物园中的很多动物都是被关在铁笼子中的,在进行自动对焦时,很容易被铁丝网干扰,因此,我们可以手动选择对焦点,以进行精确的对焦处理。

在动物距离笼子比较近时,使用较大的光圈拍摄也可以避免失焦的情况发生——当然,前提是拍摄时要使用足够快的快门速度。

⋑ 由于笼子与动物的头部非常接近,因此使用手动对焦在动物的眼睛上,确保画面中的动物清晰

焦距: 155mm　光圈: f/1.8　快门速度: 1/200s　感光度: ISO 200

让碍眼的铁笼消失使画面美观

　　动物照片中的铁笼总会让人
觉得不舒服，如果铁笼的网洞足
够大，我们可以直接将相机镜头
伸进去，这样就可以避免拍摄到
碍眼的铁笼了。但需要特别注意
的是，如果动物离笼子比较近，
还是要小心一些，尤其在镜头刚
刚好伸进去的时候（如果网洞略
小一点的话，更不要硬塞进去，
否则会划坏镜头），如果遇到突
发事件，很容易因猛地抽回相机
而划坏镜头，严重的甚至可能会
损坏镜头与相机的卡口。

⋒ 避开铁网拍摄会使画面看起来比较舒服，但需要注意安全

焦距：48mm　光圈：f/2.4　快门速度：1/80s　感光度：ISO 200

利用高速连拍捕捉动物的表情

　　如果你热衷于捕捉动物或愤
怒、或可爱、或搞怪的表情，那
么首先要有极大的耐心，盯住你
的"猎物"，随时准备按下快门，
并使用高速连拍的方式提高拍摄
的成功率。

⋑ 狼是很有特点的动物，而且嚎叫的样
子很可怕，可利用高速连拍将这一画面
抓拍下来

焦距：235mm　光圈：f/5.6　快门速度：1/640s
感光度：ISO 400

13.3　家庭宠物的拍摄技巧

利用俯拍或仰拍表现宠物的各种性格

俯视是人观察宠物最常见的视角，因此在拍摄相同的内容时，总是在视觉上略显平淡，因此，除了一些特殊的表现内容外，可以多尝试仰拍。当然，由于多数宠物还是比较"娇小"的，因此我们至少应该保证大致以平视的角度进行拍摄。

⊃ 摄影学习理论——
只是模仿是无法拍出
出彩的照片

♪ 这种以平视角度拍摄的正面像，感觉更自然

焦距：150mm　光圈：f/3.5　快门速度：1/320s　感光度：ISO 100

♪ 使用超广角镜头仰视拍摄狗狗，极大地增加了背景的空间感，让前景中的狗狗显得更高大

焦距：16mm　光圈：f/14　快门速度：1/800s　感光度：ISO 400

利用局部特写表现动物的特征

使用长焦镜头以特写的形式来表现动物的局部特征，可以使画面给人一种非常强烈的视觉冲击力。

拍摄时往往要使动物的局部充满整个画面，在构图时可运用黄金分割构图法则，并将画面的兴趣点放在黄金分割点上。

⊃ 平视拍摄宠物的头部特写，以充满画面的构图重点表现了宠物的眼睛，其天真、懵懂的神情非常惹人怜爱

焦距: 50mm 光圈: f/1.4 快门速度: 1/125s
感光度: ISO 200

自然光线下拍摄宠物更具真实感

拍摄宠物还要注意光线的运用，最好选择自然光线，比如逆向的直射光可以很好地表现出毛发的亮边轮廓，若觉得直射光不好控制，也可以在阴影下拍摄，柔和的光线不但好控制，而且可以很好地表现出宠物的细节。

如果在室内拍摄，还可以运用透过窗户或门的自然光线来进行拍摄，在这些光线下，宠物看起来会更真实。

⊃ 雪地里玩耍的狗狗非常快乐，毛发在光线的照射下也很有质感

焦距: 50mm 光圈: f/2 快门速度: 1/160s
感光度: ISO 400

捕捉宠物生动的表情

当宠物面对不同的场景时，总能表现出不同的表情，如高兴、专注、恐惧、伤心，记录下这些表情，有时可能让我们会心一笑，有时也可能会触动心底的那份感动。

像宠物可爱的样子，是很多人喜爱养宠物的原因，简单来说，越是小巧的动物，就越容易拍摄到它们可爱的样子。可在拍摄前仔细观察宠物的特质，再进行表现。

○ 开车载着狗狗出去游玩，狗狗迎风翘首的样子让人忍俊不禁

焦距：180mm 光圈：f/5 快门速度：1/400s
感光度：ISO 200

捕捉主人与宠物亲昵的情景

疼爱宠物的主人，肯定喜欢和自己的宠物合影，记录下主人和宠物亲昵的画面，会在主人的心中留下美好的回忆。另外，拍摄主人与宠物合影的镜头一般会简单一些，因为宠物与主人在一起的时间较长，对主人较为信任，宠物会更配合拍摄。

需要注意的是，在拍摄主人与宠物之间亲昵的镜头时，应大胆取舍，重点表现宠物，拍摄时应采取抓拍的方式，拍摄主人与宠物在一起玩耍时的自然画面。

○ 拍摄主人逗狗狗吃东西的照片，主人以背侧面表现，而狗狗则以正面表现，重点表现了狗狗的主体地位，又突出了主人与宠物之间的亲密关系

焦距：160mm 光圈：f/4 快门速度：1/500s
感光度：ISO 100

拍摄有创意趣味的宠物画面

如果你希望拍摄一些与众不同的宠物照片，除了一点点运气并把握住时机之外，更多的是需要你动脑子去想、去寻找，甚至有时候你无需准备什么，只需要用眼睛去发现那个有创意的画面就行了。

例如需要选择一些特殊的角度去拍摄，或简单利用一些周围的环境等，都可能会拍出非常有趣的照片。

◑ 养仓鼠的人都知道，仓鼠的戒心和疑心是很重的，能和它搞好关系，只有经常沟通才有可能做到，不然，它会向主人发起进攻的，而如果和它沟通得好，它还是会做出很多亲密动作的。图中的仓鼠用舌头舔主人的手指，这一动作说明了它已经没有畏惧心理了，在拍摄的时候考虑好构图就可以了

焦距：70mm 光圈：f/7.1 快门速度：1/125s 感光度：ISO 200

⊃ 猫咪好奇地舔着镜子里的自己，画面让人忍俊不禁

焦距：50mm 光圈：f/9 快门速度：1/125s 感光度：ISO 100

◔ 巧妙地利用光影与猫咪的好奇心理，制造出一些特殊的光影效果，画面显得非常生动

焦距：24mm 光圈：f/4 快门速度：1/1600s 感光度：ISO 400

利用道具吸引宠物的注意力

对宠物而言，任何一个小物件都可能是新奇的，虽然，这个小物件甚至可能不是一个真正的玩具。因此，只要善于利用身边的小道具来吸引宠物的注意力，就能够拍摄出生动有趣的宠物照片。家里常用的物件都可以成为很好的道具，如毛线团、毛绒玩具，甚至是一卷手纸都能够在拍摄中派上用场。

还可以为宠物穿上可爱的小衣服，或者是让宠物钻进一个篮子里，以使拍摄的照片更加生动有趣。

扫描二维码，跟视频学摄影

⌂ 摄影学习理论——让照片有情绪

♋ 利用道具调动猫咪的好奇的情绪并吸引它的注意力，最容易拍摄到自然、有趣的画面

焦距：200mm　光圈：f/3.5　快门速度：1/500s　感光度：ISO 200

CHAPTER 14

鸟类摄影技法
18例

14.1 鸟类摄影的器材准备

选择合适的器材拍摄鸟类

长焦镜头是鸟类摄影的首选

"打鸟"是目前摄影论坛中最热的词语之一,其实说的就是使用长焦镜头拍摄鸟类。

因为鸟类易受人的惊扰,所以通常要用200mm以上焦距的镜头才能使拍摄对象在画面中占较大的面积。使用长焦镜头拍摄的另一个好处是,在一些不易靠近的地方也可以轻松拍到鸟儿,如在大海或湖泊上。

相对于野生动物而言,鸟类在生活中更容易被看到,因此拍摄起来也更方便一些,但同样非常依赖于器材,为了在拍摄时不惊动它们,300mm焦距的镜头可以说是基本的要求。

⌖ 如果拍摄鸟群的照片,对拍摄技巧以及镜头的要求都低了很多

焦距: 400mm 光圈: f/7.1 快门速度: 1/1000s 感光度: ISO 100

⌖ 使用长焦镜头拍摄树林中的鸟儿时,可避开杂乱的环境

焦距: 320mm 光圈: f/5.6 快门速度: 1/320s
感光度: ISO 640

利用增距镜拍摄远距离的鸟类

对普通的摄影爱好者而言,可以购买1.4或2倍的增距镜,虽然对图像质量及对焦速度都有不同程度的影响,但毕竟在价格上有着极大的优势,且非常适合用来拍摄远距离的鸟类,拿来拍着玩玩,满足一下业余爱好还是可以的。

利用三脚架稳定相机拍摄鸟类

拍摄鸟儿时,通常需要在隐蔽的地方耐心等待好时机,才能抓拍到精彩的画面,并且使用的都是长焦镜头,这对相机的稳定性有很高的要求,为了确保画面的清晰度,应使用三脚架来稳定相机。

⌖ 使用长焦镜头拍摄远处的鸟儿时,应使用三脚架固定相机,以确保得到较清晰的画面

焦距: 4000mm 光圈: f/11 快门速度: 1/250s
感光度: ISO 200

247

选择最佳的时间拍摄

从在时间季节来说，初春是许多鸟类开始发情的时节，大部分鸟类会在带有鲜艳的嫩绿色且不是很浓密的枝头跳跃、鸣叫，以吸引异性，在这样的时间拍摄鸟类不仅容易寻找到鸟类，而且不会由于树枝与树叶过于浓密，而导致拍摄困难。春末夏初是许多鸟类繁殖的时候，拍摄的技巧是在树林中寻找鸟巢，以守株待兔的形式拍摄，有很大几率拍摄到鸟类的筑巢、交配、孵卵、育雏、捕食等动作。

具体到当天的拍摄时间，应该在早晨与黄昏时寻找拍摄机会，此时鸟类会四处活动觅食，动作多样、姿态各异，而且摄影光线也比较好。

⋒ 选择合适的季节拍摄鸟儿，会比较容易拍到

焦距：200mm　光圈：f/4　快门速度：1/600s　感光度：ISO 200

选择最佳的方式拍摄

隐蔽的拍摄方式适合于在枝繁叶茂的拍摄地方，可以利用枝叶、树干等环境藏身拍摄，根据需要还可以为镜头包裹迷彩的炮衣，从而达到更佳的隐藏效果。

等候的拍摄方式适合际在地势平坦开阔的沼泽、湖泊、滩涂等环境，拍摄师应该在较远距离外，架好三脚架守候较长的时间，在鸟类感觉不到威胁的情况下，会在周围自然活动。

跟随的拍摄方式对器材有一定要求，所使用的器材一定要轻便，例如可以使用70-200mm F2.8L镜头，以拍摄题材固定、但灵活好动

的鸟类。在拍摄中当鸟在移动时，相机也必须跟随移动，以拍摄到连续的画面。

⋑ 尽量在不会使鸟儿受到惊扰的情况下再去拍摄

焦距：320mm　光圈：f/4.5　快门速度：1/1000s
感光度：ISO 400

14.2 鸟类摄影的曝光技巧

使用高速快门速度拍摄清晰鸟类

对于喜欢拍摄鸟类的摄友来说，鸟儿可爱有趣的表情也是不可放过的拍摄题材，这时候通常需要以特写形式来突出表现其表情。

🔊 静止的鸟儿比较好拍，我们需要做的就是尽可能地虚化背景以突出主体，并不要吓跑它们

焦距: 260mm 光圈: f/2.8 快门速度: 1/400s 感光度: ISO 100

尽管在大自然中拍摄鸟儿时环境光线一般都较为充足，但有时依旧无法满足我们对快门速度的要求。鸟儿的动作是快速敏捷的，所以为了获得更高的快门速度抓拍到清晰的鸟类时，在对背景环境没有清晰要求的情况下，建议选择较大光圈并提高感光度进行拍摄。

例如，在将感光度设置为ISO 200时，快门速度只能达到1/400秒，这样的快门速度对于拍摄高速飞行的鸟儿来讲，还是有些慢，所以为了达到1/1000秒的快门速度，在不改变光圈的情况下，可以将感光度提高为ISO 400或ISO 640，这样就可以将鸟儿"凝固"在空中了。

🔄 提高感光度可以提高快门速度，但也要注意不要将其设置得过高，否则画面会出现噪点

焦距: 500mm 光圈: f/5.6 快门速度: 1/250s
感光度: ISO 500

使用点测光以获得准确测光拍摄鸟类

拍摄鸟类照片需要在画面中完美体现其羽毛细腻、柔亮的质感等，因此常采用点测光模式进行拍摄。

在进行测光时，测光点一般置于拍摄对象之上，需要注意的是，测光点不能选在拍摄对象过亮或者过暗的区域，否则会导致画面曝光过度或曝光不足。

⊃ 使用点测光针对鸟儿进行测光，锁定曝光并重新构图后再进行拍摄，从而保证画面具有正确的曝光结果，并很好地表现了鸟儿羽毛的质感

焦距：420mm 光圈：f/6.3 快门速度：1/320s 感光度：ISO 1000

使用中央对焦点以获得准确的对焦结果拍摄鸟类

在拍摄运动中的飞鸟时，为了保证尽可能快速、成功对焦，建议使用中央对焦点进行对焦。由于在数码单反相机的多个对焦点中，中央对焦点的对焦精度是最高的，因此，在鸟类摄影中经常采用中央对焦点进行对焦。

⋂ 选择中央对焦点进行对焦，获得准确的对焦结果

焦距：400mm 光圈：f/6.3 快门速度：1/1000s 感光度：ISO 160

使用连续自动对焦以保证画面中鸟类清晰

　　拍摄飞鸟时，将对焦模式调整至连续自动对焦模式，并配合高速快门进行跟拍。在拍摄时，可根据鸟类的运动情况自动进行跟踪对焦，以保证对焦位置的精确，拍摄出清晰的画面。

　　即使是拍摄静态的鸟儿，也建议使用连续自动对焦模式，以便于随时应对鸟儿突然运动、飞起等情况。

⟳ 在对焦时采用连续自动对焦方式，以便于在鸟儿运动时能够连续对其进行对焦，最终获得清晰、准确的画面

焦距: 380mm 光圈: f/4 快门速度: 1/2500s
感光度: ISO 640

⟳ 虽然是在飞行中，使用连续自动对焦模式一样可以将飞行中的鸟儿拍摄得很清晰

焦距: 500mm 光圈: f/4 快门速度: 1/2500s
感光度: ISO 800

使用高速连拍以保证不错过鸟类的精彩瞬间

鸟儿在飞行过程中，姿态会不断地发生变化，几乎每一次改变都可以成为一次拍摄机会，要想尽可能多地抓住机会，建议启动相机的高速连拍功能来连续拍摄鸟儿姿态变化的画面，然后从中挑选出最为满意的照片。

○ 在拍摄鸟儿时，应启动连拍模式，然后可以从多张照片中挑出最满意的一张

焦距：420mm 光圈：f/4
快门速度：1/2000s 感光度：ISO 640

○ 鹰的警觉性很高，一点儿动静便会引起它的注意，而此时摄影师对于其锐利的眼睛、雄健的姿态等的抓拍难度相对较大，使用高速连拍功能进行抓拍可捕捉到较为理想的画面

焦距：216mm 光圈：f/8
快门速度：1/800s 感光度：ISO 400

14.3 鸟类摄影的构图技巧

以小景深画面来表现鸟类的特写

鸟的特写重在表现其神,可以表现其局部特征,如只表现鸟儿的头部,也可以拍摄其运动的某一瞬间,但无论采取哪一种构图手法,都应该将画面的视觉中心点放在鸟的眼睛上,并以小景深的形式来突出,这样的照片能给观众留下十分深刻的视觉印象。

🎧 这种拍摄手法适合拍摄眼睛较大的鸟类,或者在摄影师的位置恰巧能够拍摄出眼睛光

焦距:400mm 光圈:f/7.1 快门速度:1/800s 感光度:ISO 800

以蓝天为背景获得简洁画面

对于拍摄鸟类来说，最合适的背景就是天空和水面。一方面可以获得比较干净的背景，突出拍摄对象的主体地位；另一方面天空和水面在表达鸟类生存环境方面比较有代表性。

采用仰视视角，以天空为背景进行拍摄，可获得背景简洁、视觉感强烈的画面效果。

拍摄时既可以选择一只鸟作为拍摄对象，重点表现画面意境或其形态；也可以选择群鸟作为拍摄对象，重点表现富有韵律或者错落有致的画面感。在拍摄群鸟时需注意其飞行时的整体形态及疏密关系，例如"一"字形、"人"字形排列等，还要注重其背景环境的选择，以突出画面主体。

○ 以纯净的天空为背景，使呈"人"字队形排列的大雁在画面中显得更加突出

焦距: 280mm　光圈: f/10　快门速度: 1/1000s　感光度: ISO 400

⊃ 以蓝天为背景的画面很简洁，鸟儿在画面中也很突出

焦距: 400mm　光圈: f/8　快门速度: 1/1250s　感光度: ISO 200

以水面或草地为背景拍摄鸟儿

俯视以水面或草地为背景拍摄游禽时，可以选择既能突出主体，又可以说明拍摄环境的水面区域为背景。水面上被禽类划出的一道道涟漪能让画面极具动感。如果水面有较强的反射光，可以使用偏振镜减弱反光。另外，由于水面的反光率较高，因此曝光量应该降低1档，以避免曝光过度。

⊃ 平视角度拍摄水面上的水鸟，既能突出主体，又可以说明拍摄环境

焦距: 320mm　光圈: f/4　快门速度: 1/1250s　感光度: ISO 400

以封闭式构图和开放式构图表现鸟类

在拍摄鸟类时，可使用不同的景别，针对具体情况进行整体结构或局部特点的拍摄，也就是说，可以使用封闭式构图或开放式构图进行取景拍摄。

用封闭式构图可将鸟儿的整体形象明确地展现在画面中。

用开放式构图可以强调画面内与画面外的联系，通过这种关联性，引导观者的注意力在画面内外之间游走，使用该构图形式可抓取到鸟儿的局部特点进行重点表达。

↷ 利用封闭式构图和开放式构图表现了火烈鸟的全身和局部

用散点构图拍摄漫天的群鸟

表现群鸟时通常使用散点式构图，可利用广角表现场面的宏大，也可利用长焦截取部分，使漫天鸟群充满画面。

如果拍摄时鸟群正在飞行，则最好将曝光模式设置为快门优先，使高速快门在画面中定格清晰的飞鸟。此外，应该采用高速连拍的方式拍摄多张照片，最后从中选取出飞鸟在画面中分散位置恰当、画面疏密有致的精美照片。

扫描二维码，跟视频学摄影

⟳ 构图形式——散点式构图讲解

⟳ 利用高速快门拍摄鸟群起飞的瞬间，使其形成散点式构图，充满画面的鸟群给人一种唯美感

焦距：280mm 光圈：f/9 快门速度：1/1000s
感光度：ISO 100

用斜线构图表现飞鸟增强画面的动感

在拍摄飞翔的鸟儿时，可以尝试使用斜线构图，利用斜线构图可以更大限度地表现鸟儿飞翔时的动感效果，此外，斜线构图能够引导观众的视线随着线条的指向而移动，使画面具有较强的延伸感。

⊃ 如果鸟儿处于飞行之中，可以旋转相机，调整飞鸟在画面中的位置，使其位于对角线或斜线的飞行方向上，从而增强鸟儿的动感

焦距：350mm
光圈：f/4
快门速度：1/2000s
感光度：ISO 1000

在运动方向上为飞鸟留出空间

跟随拍摄飞鸟时，通常需要在鸟儿运动方向上留出适当的空间。一方面，可获得符合美学观念的构图样式，降低跟随拍摄的难度，增加拍摄的成功率；另一方面，能为后期裁切出多种构图样式创造条件。

⊃ 在鸟儿飞行的前方留出空间，使画面看起来有向前延伸的感觉，视觉上也比较舒服

焦距：310mm
光圈：f/8
快门速度：1/1800s
感光度：ISO 800

14.4 鸟类摄影的用光技巧

合理运用光线照亮鸟类

合理地运用光线照亮拍摄对象，可以起到突出主体的作用。当画面中光比较大时，适宜选择点测光方式，以保证得到曝光准确的画面。

另外，拍摄鸟类时一般要使用三脚架，因为使用长焦镜头在构图时有一定困难，使用三脚架可以实现轻松而精准地构图。

↷ 一束光刚好打在画面主体的鸟儿身上，四周的暗边，衬托着鸟儿在画面中更加突出

焦距: 420mm   光圈: f/5.6   快门速度: 1/1640s   感光度: ISO 400

利用侧光塑造鸟儿的立体感

采用侧光拍摄鸟类时，画面中会出现明显的受光面、背光面及影子，从而使画面形成鲜明的明暗反差，也使得鸟儿看起来更有立体感，不仅如此，还会使画面获得丰富的影调变化以及很好的质感表现。

◑ 在光线比较充足的情况下采用侧光拍摄，画面明暗反差较大，立体感很强

焦距: 300mm 光圈: f/5.6 快门速度: 1/1600s 感光度: ISO 125

利用逆光赋予羽翼半透明感

当逆光照射在鸟儿身体上时，很容易将其身体边缘的毛发照亮，形成漂亮的轮廓光，画面阴影很多，影调厚重。

在逆光下拍摄鸟儿时，会使其羽翼呈半透明状，轮廓感明显。在光线较强的情况下，甚至可以将其表现为剪影，给人以特殊的视觉感受。

◑ 逆光下老鹰的翅膀呈半透明状，非常漂亮

焦距: 500mm 光圈: f/4 快门速度: 1/1250s 感光度: ISO 200

CHAPTER 15

昆虫摄影技法
16例

15.1 利用即时取景模式拍摄微距昆虫

对于微距摄影而言，清晰是评判照片是否成功的标准之一。由于微距照片的景深都很浅，所以，在进行微距摄影时，对焦是影响照片成功与否的关键因素。

一个比较好的解决方法是，使用Nikon D7200的即时取景功能进行拍摄，在即时取景拍摄状态下，拍摄对象能够通过显示屏显示出来，并且按下放大按钮⊕，可将显示屏中的图像进行放大，以检查拍摄的照片是否准确合焦。

⋒ Nikon D7200操作方法：在确认打开相机的情况下，将即时取景选择器转至即时取景拍摄图标◘位置，然后按下LV按钮即可

⋒ 使用即时取景显示模式拍摄时显示屏的显示状态

⋒ 按下放大按钮⊕后，显示屏右下角的方框中将出现导航窗口

⋒ 继续按下放大按钮，显示屏中的图像会再次被放大，显示倍率最大可放大至19倍

⋒ 拍摄小景深的微距画面时，使用即时取景进行对焦方便查看是否合焦

焦距: 200mm 光圈: f/8 快门速度: 1/30s 感光度: ISO 250

15.2 昆虫摄影的七种武器

对于数码单反相机来说，拍摄微距需要选择合适的镜头。例如，在微距模式下需要搭配微距镜头，这样才可以把昆虫拍大，否则只有使用长焦镜头对昆虫进行放大式特写拍摄了。但是面对昂贵的微距镜头、长焦镜头，而预算又不允许的情况下，除了在镜头上做文章外，也可以通过一些附件的使用来获得类似的拍摄效果，例如可选择近摄镜以及各种接环。

微距摄影镜头、近摄镜及接环的选择		
镜头、近摄镜及接环	优　点	缺　点
微距镜头 尼康AF-S 105mm F2.8G IF ED VR MICRO	微距镜头可以按照1∶1的放大倍率对昆虫进行放大，这种效果是其他镜头无法比拟的。并且在拍摄时可以把无关的背景虚化掉	一支不错的微距镜头，价格往往要几千元，对于预算不足或只是平时玩玩的摄影爱好者而言，价格是最大的制约因素
长焦镜头 尼康AF-S 300mm F2.8 VR II	长焦镜头可有效地虚化背景，同时能够压缩画面空间，控制进入画面的背景，以保证昆虫的主体地位。另外，这样一支镜头还可以满足如鸟类、其他动物或体育等方面的拍摄需求	放大倍率不够高，除非超长焦镜头，否则很难拍摄纤毫毕现的微距照片 另外，相对属于定焦镜头的微距镜头，在成像质量上也有所不如
近摄镜 佳能77mm 500 D	可缩短拍摄距离，对焦范围约在3~10cm；还可以达到1∶1的放大比例，按照放大倍率可将其分为NO.1、NO.2、NO.3、NO.4、NO.10等多种，可根据不同需要进行选择；价格较为便宜	部分单片结构的近摄镜，光学素质较差，常常会产生较严重的紫边 另外，在镜头焦段选择不恰当的情况下，可能会出现暗角、无法对焦等问题
由5部分组成的无触点近摄接圈	最让人心动的是，只需要花费30~40元，即可买到这种近摄接圈，成本非常低，拿来玩玩是非常不错的选择，而且在成像质量方面也比近摄镜要高得多	它不支持相机的自动测光及对焦等功能，拍摄时只能使用M挡手动模式，所以使用时会比较麻烦 无触点近摄接圈对镜头的要求也比较特别，即要求镜头上要带有光圈环，以便于手动控制光圈，因此也只有一些较老的镜头才能够使用，否则将自动按照镜头的最大光圈进行拍摄。对昆虫摄影来说，即使是使用f/4这样并不大的光圈，拍摄到画面的景深也会非常小，很容易产生对焦不准或虚化范围过大等问题

（续）

微距摄影镜头、近摄镜及接环的选择		
镜头、近摄镜及接环	优　点	缺　点
有触点、能自动对焦和测光的近摄接圈	与无触点近摄接圈相比，有触点的近摄接圈功能更加强大，可以实现自动测光和对焦，因此在拍摄时更加方便，在成像上几乎可以与微距镜头相提并论	与无触点近摄接环相比，在价格方面要贵得多，通常需要500元甚至上千元
各种不同的倒接环	通过安装倒接环来倒装50mm标准定焦镜头，可以获得1:1的放大倍率，并且在画质上不会有太大的损失	由于将镜头的后部完全暴露在空气中，很容易使镜头进灰甚至划伤后部的镜片，因此在使用时要特别小心
双阳环	由于采用这种方法有一支镜头是按照正常的方式连接在机身上的，因此可以在一定的焦距范围内进行自动对焦和测光	需要注意的是，正接于机身上镜头的焦距一般要大于50mm，否则可能会出现不同程度的暗角或者黑圈

焦距：105mm　光圈：f/13　快门速度：1/100s　感光度：ISO 100

15.3 昆虫摄影的附件与曝光技巧

拍摄昆虫时使用三脚架固定相机

在拍摄昆虫时，大部分昆虫都处于动静不定的状态，且用微距镜头拍摄时，景深非常浅，对焦有一定难度。同时，使用微距镜头拍摄时所用的光圈也比较小，通常为 f/8～f/16，因此快门速度就会比较低。所以在微距拍摄昆虫时，应使用三脚架固定相机，以保持相机稳定、对焦精确，从而拍摄出高质量的照片。当然，如果昆虫的运动速度比较快就不适合用脚架了。

◔ 稳定的相机与精确的对焦，是这幅照片拍摄成功的前提

焦距: 100mm 光圈: f/8 快门速度: 1/160s 感光度: ISO 200

拍摄昆虫时使用快门线和遥控器避免碰触相机

借助于快门线或遥控器，我们可以在不接触机身上的快门按钮的情况下，通过触发快门进行拍摄工作，因此，可以最大限度地避免碰触机身而引起抖动造成画面变虚。

◔ 使用快门线或遥控器得到的对焦清晰、准确的微距作品

焦距: 70mm 光圈: f/5.6 快门速度: 1/160s 感光度: ISO 100

拍摄昆虫时使用自拍功能使画面清晰

　　数码单反相机都具备了自拍功能，并提供了2~10s不等的自拍延迟时间，我们可以利用这个功能，在拍摄时避免直接触动相机快门而造成画面的模糊。在没有快门线、遥控器的情况下，用自拍功能进行拍摄，是一个不错的防抖方法。

⊃ 使用自拍功能避免相机抖动，虽然麻烦一些，但能保证所拍画面是清晰的

焦距: 200mm　光圈: f/2.8
快门速度: 1/320s
感光度: ISO 200

拍摄昆虫时使用手动对焦获得更精准的对焦结果

　　相对于自动对焦，在拍摄中使用手动对焦更有利于准确对焦，从而获取高质量、清晰的画面。另一方面，要想获得精确的对焦，需要摄影师具有丰富的拍摄经验和极大的耐心，因此，三脚架是不可或缺的装备。

⊃ 通过手动对焦可以得到更精确的对焦结果

焦距: 60mm　光圈: f/6.3
快门速度: 1/640s
感光度: ISO 400

拍摄昆虫时避免对焦后重新构图的状况

　　在拍摄人像或其他静态对象时，最常用的方法就是先对焦然后再移动相机重新进行构图，但在使用微距镜头拍摄昆虫时，一点点的偏差都有可能导致失焦而使画面变模糊，因此，最好能够预先规划出大致的构图形式，然后选择合适的对焦点，对昆虫的眼睛或要突出表现的部位进行对焦、拍摄。

　　如果是抓拍，可能没有时间去选择对焦点，此时建议尽量拍摄大画面，将自己要表现的内容全部包罗进来，然后在后期通过裁剪进行二次构图，以避免由于失焦而导致拍摄失败。

　◔ 在抓拍昆虫时，应尽量选择拍摄大画面，以便将需要的画面都拍清楚

焦距：105mm
光圈：f/18
快门速度：1/125s
感光度：ISO 200

15.4　使用闪光灯拍摄昆虫

使用闪光灯可更好地表现昆虫外壳的光泽

　　前面说过可以使用柔光罩来避免产生反光，但实际上，对闪光灯产生的反光也不要持完全反对的态度，合理地利用这种反光，有时可以增加昆虫表面的光泽，读者在拍摄时不妨尝试一下。

　　另外，在逆光的情况下，还可以使用闪光灯对昆虫进行一定程度的补光。

　　要注意的是，如果是闪光直接照射在昆虫身上，得

到的反光可以很好地表现外壳的光泽，如果不需要表现外壳质感，则可以配合柔光罩对光线进行柔化，而且也不是所有的昆虫都会出现反光的，像蝴蝶这种昆虫，身体表面多是较松软的绒毛，不太容易出现反光。

⊃ 闪光灯在照亮昆虫的同时，也形成了漂亮的光点

焦距: 60mm　光圈: f/8　快门速度: 1/500s
感光度: ISO 200

↻ 蜻蜓的表面有一层硬壳，使用闪光灯时容易产生反光（左图），而且由于贴近地面，使用闪光灯还会形成明显的投影，但如果使用柔光罩进行光线的柔化和过滤，就可以得到较好的画面效果（右图）

焦距: 200mm　光圈: f/3.2　快门速度: 1/400s　感光度: ISO 200

使用闪光灯拍摄昆虫可提高快门速度

在光线不太好的情况下，可以使用闪光灯来提高快门速度。

绝大部分的数码单反相机在光圈优先模式下，都支持 1/60s 的快门速度，若是切换至快门优先模式，则通常可以获得 1/200s~1/250s 的快门速度，这已经基本可以满足拍摄需求了。若使用性能更高的专业外置闪光灯或专用的微距闪光灯，还可以更有针对性地进行照明，提高快门速度拍摄，定格运动中的昆虫。

⊙ 尼康R1C1微距摄影套装

⊙ 虽然1/200s的快门速度并不足以完全凝固这只正欲飞起黄蜂的动作，但从画面中不难看出，由于此时是刚刚准备飞起，因此，翅膀挥动的速度还比较慢，只是在其右翅位置出现了一些动感模糊，反而为画面增加了动感

焦距：60mm　光圈：f/16　快门速度：1/200s
感光度：ISO 250

使用内置闪光灯的注意事项

在使用内置闪光灯时，如果镜头过长，很可能由于距离拍摄对象太近，而使闪光灯的光线被镜头遮挡，导致画面中一部分区域无法被照亮，此时可以尝试使用更大的焦距或使用柔光罩对光影进行柔和处理。

⊙ 由 于 镜 头的遮挡，灰色区域将无法被照亮

⊙ 通过使用专业的双头闪光灯，除了可为昆虫身上增加漂亮的光泽外，还能使整个画面的光照也非常均匀，并保证能够使用1/320s的快门速度进行拍摄

焦距：65mm　光圈：f/9　快门速度：1/320s
感光度：ISO 200

15.5 把握拍摄昆虫的最佳时间

拍摄昆虫最重要的技术是接近昆虫，因为多数昆虫会在摄影师接近的过程中快速逃离。要接近昆虫除了动作必须轻缓外，还需要找到合适的时机，根据经验，处于下面状态的昆虫更容易接近：

■ 刚刚羽化脱变出来的昆虫，由于身体比较脆弱，活动能力较差；
■ 正在进食的昆虫；
■ 正在交配的昆虫；
■ 清晨时分的昆虫，由于此时气温较低而昆虫体温较低，

活动能力弱，因此相对容易接近；
■ 下雨后身体上有水珠的昆虫，因为其身上的水珠会影响到活动灵活性；
■ 行动比较迟缓的昆虫，如毛毛虫、蜗牛等。

➲ 清晨时拍摄昆虫，还会遇到画面中的这种情况，昆虫的身上还沾着露水，看起来非常可爱

焦距: 105mm　光圈: f/16　快门速度: 1/180s
感光度: ISO 200

15.6 寻找隐匿的昆虫进行拍摄

很多昆虫都喜欢花，例如蜂类、蝶类、金龟和天牛等都常常在花丛中出现。如果你对找寻昆虫无从下手，不妨多留意一下花朵，昆虫在花朵上取食时，警觉性也会降低，比较容易接近它们，拍摄时使用大光圈虚化杂乱背景，即可突出昆虫主体。

➲ 昆虫在专心觅食时，拍摄起来更容易一些

焦距: 100mm　光圈: f/214　快门速度: 1/160s
感光度: ISO 100

15.7　选择合适的构图拍摄昆虫

　　在拍摄昆虫时，应尽量使用标准的焦平面来构图。焦平面的选择应该尽量与昆虫身体的轴向保持一致，如果拍螳虫一类的长型昆虫，一般选择焦平面与身体平行；对于蝴蝶等展开翅膀的昆虫，应该使展翅的平面与焦平面平行，也就是尽量使昆虫身体面积最大的平面与镜头平面保持平行。

⮌ 拍摄长形昆虫时，让焦平面与昆虫的身体平行，有利于表现这类昆虫的形态

焦距：105mm　光圈：f/18　快门速度：1/160s　感光度：ISO 200

15.8　运用恰当的光线拍摄昆虫

　　在自然光下拍摄昆虫时，可以选择逆光、半逆光或侧光等，此时光线从后方斜射过来，将昆虫的轮廓清晰地勾勒出来。

　　另外，在柔光环境拍摄昆虫也是很好的选择，此时光比较小，容易表现昆虫的细节。需要注意的是，此时的光线强度可能较低，要使用较低的快门速度进行拍摄，以获得充分的曝光，或使用闪光灯进行补光。

扫描二维码，跟视频学摄影

⮌ 摄影学习理论——反复拍摄同一题材

⮌ 在柔和的光线下拍摄昆虫，可以将昆虫的细节很清晰地表现出来

焦距：200mm　光圈：f/5.3　快门速度：1/250s　感光度：ISO 100

15.9 选择合适的取景角度拍摄昆虫

由于昆虫常常出现在花丛或树叶中，在拍摄时要适当地调整拍摄角度，避免在画面中出现昆虫的阴影。在拍摄昆虫时，由于光线不受人的控制，因此调整比较难，但是对于拍摄角度的调整相对就容易一些，我们要做的就是用最快的速度找到能够展现最美昆虫的拍摄角度，然后按下快门。

○ 画面中蜜蜂作为主体所占的面积比较小，而且花卉的一部分遮挡住了蜜蜂的头部，影响了蜜蜂的表现

⋂ 拍摄同一个蜜蜂，稍微调整一下拍摄角度，即可将整个蜜蜂清楚地表现出来，而且背景更加干净、简洁

焦距: 65mm 光圈: f/11 快门速度: 1/200s 感光度: ISO 100

15.10　利用特写突出表现昆虫的复眼

　　许多昆虫的眼睛是复眼，即每只眼睛几乎都是由成千上万只六边形的小眼紧密排列组合而成的，如蚂蚁、蜻蜓、蜜蜂均为复眼结构昆虫。在拍摄这种昆虫时，应该将拍摄的重点放在眼睛上，以使观者领略到微距世界中昆虫眼睛的神奇美感。

　　由于昆虫体积非常小，因此对眼睛进行对焦的难度很大，为了避免跑焦的现象，可以尝试使用手动对焦的方式，并在拍摄时避免使用大光圈，以免由于景深过小，而导致画面中昆虫的眼睛部分变得模糊。

扫描二维码，跟视频学摄影

↻ 摄影学习理论——365计划

🎧 由于表现昆虫眼睛的画面景深很小，容易产生跑焦的现象，可使用手动对焦避免这种情况，为方便手动对焦，在拍摄时要使用三脚架来固定相机

焦距：105mm　光圈：f/5　快门速度：1/250s　感光度：ISO 1000

CHAPTER 16

花卉摄影22例

16.1 选择不同镜头拍摄花卉

五彩缤纷的花朵，是大自然中最为美丽的景物。即便是迈着匆忙的脚步，遇到花卉也会情不自禁地停下来好好欣赏一番。

不过美丽的东西总是很短暂的，但是用相机将它们拍摄下来，就可以让这些五彩缤纷的花朵在画面中永不凋谢。

用广角镜头拍摄大视野的花丛

广角镜头可以以更开阔的大视角进行拍摄，比较适合表现层次感较好的大面积花卉，如各种花圃、广场中锦簇的花丛等。

◖ 使用广角镜头以低角度进行拍摄，以蓝天白云作为背景，可呈现出自然、清新的画面效果

焦距：24mm
光圈：f/5.6
快门速度：1/500s
感光度：ISO 200

用长焦镜头拍摄精致的花卉特写

长焦镜头常用于拍摄远处的对象，如果将其用于拍摄花卉的特写，也可以得到非常好的效果，得到精致的花卉特写。

扫描二维码，跟视频学摄影

◖ 花卉拍摄技巧——三种不同焦段镜头拍摄花卉要点

◖ 使用长焦镜头可以对焦外图像进行压缩，从而形成漂亮的虚化效果，为表现一枝独秀的花朵提供了保证

焦距：200mm 光圈：f/3.2
快门速度：1/640s
感光度：ISO 200

用中焦镜头拍摄缤纷花丛的局部

中焦镜头的焦距介于广角与长焦之间，可用于表现缤纷花丛的局部，配合使用大光圈进行背景虚化，从而获得层次分明的画面效果。

⊃ 以平视视角进行取景、配合使用大光圈获得背景虚化效果，让散落于画面中的小花显得非常精致

焦距: 50mm 光圈: f/2.8
快门速度: 1/320s 感光度: ISO 200

用微距镜头呈现微观的花卉细节

花蕊是最能表现花朵品性的部分，也是花卉的精神之所在。不同的花朵有不同形态的花蕊，但是他们普遍都有一个特征就是非常小，因此对于花蕊的拍摄要借助微距镜头。用微距镜头可以对花朵的花蕊和花瓣等局部进行特写拍摄，能给人以非常震撼的视觉效果，也更能凸显出花卉的色彩和形状特点。

拍摄时要尽量靠近花体，以便放大花蕊，获得花蕊清晰花身虚化的效果。由于花蕊的形态万千风格迥异，因此在拍摄时不要拘泥于一个固定的角度，可根据需要随机应变。

与微距拍摄昆虫相似，使用微距镜头并配合闪光灯＋柔光罩的组合，对花卉进行补光、色彩美化等，可以拍出具有丰富细节的花朵。

⊃ 利用微距镜头可以对花卉进行局部特写拍摄，给人以非常震撼的视觉效果

16.2　表现花卉的形态、颜色、细节

拍摄花卉首先面临一个取景的问题，是拍摄大片的花丛，还是只拍摄其中的几朵或一朵。通常情况下，不同的景别是可以通过焦段的不同变化来实现的。例如，周围环境中有大面积较为整齐划一的花丛时，可以用广角焦段进行拍摄，而多数情况下可以用长焦焦段进行单个花朵的拍摄，单个花朵的拍摄更能突出其独特形态、曼妙色彩以及精致细节等特征。

用大场景或局部来表现花卉

从拍摄景别来看，既可以拍摄面积较大、场景较开阔的花丛，也可以针对花卉的局部进行特写式拍摄。如前所述，要拍摄漫山花丛，应该用广角镜头配合使用小光圈，以清晰地表现大场面花卉。

⏶ 使用广角镜头拍摄漫山遍野的花朵，配合小光圈的使用，展现了花海的广阔，阴霾的天空更是渲染了画面的氛围，使画面更具感染力

焦距: 24mm　光圈: f/8　快门速度: 1/180s　感光度: ISO 200

用偏振镜使花卉颜色更加纯净

　　偏振镜在植物摄影特别是花卉摄影中常被用到。借助于偏振镜拍摄，可减少周围环境对画面的影响，缩小画面的反差，从而使花卉看起来更加自然、纯净。

⊃ 通过使用偏振镜过滤杂色，使画面的整体色彩更清新、浓郁，将荷花出淤泥而不染的纯净感表现得淋漓尽致

焦距: 200mm　光圈: f/2.8
快门速度: 1/160s　感光度: ISO 100

增加曝光补偿来表现浅色花卉

　　拍摄白色的花卉时，根据"白加黑减"的原则，要注意增加曝光补偿，以免拍摄出来的花卉显得发灰。增加曝光补偿后，可以提亮花卉的亮度，正确还原花卉的颜色。

　　颜色在彩色照片中起着非常重要的作用，尤其在拍摄花卉时，颜色往往决定一张花卉照片的成败。例如，在拍摄黄色的花朵时，由于黄色在众多的色彩中属于比较亮丽的颜色，所以为了使黄色更加亮丽，应增加1挡曝光补偿，这样画面看起来就很清新、亮丽。

⊃ 增加曝光补偿后，白色的花卉得到正确的曝光，显示出正常的白色

焦距: 60mm　光圈: f/6.3
快门速度: 1/250s　感光度: ISO 200

16.3　从不同的视角拍摄花卉

平视拍摄花卉具有新鲜感

由于花卉的高度一般来说都会比人低，所以看花卉的时候都是俯视，如果以这样的角度来拍摄花卉，和人们的视觉印象很相符，画面会显得非常乏味，缺乏新鲜感。如果想让照片看起来具有视觉冲击力，更有新鲜感，可以尝试平视拍摄。

扫描二维码，跟视频学摄影

⌂ 花卉拍摄技巧——三种不同视角拍摄花卉要点

↺ 使用平视角度拍摄花卉，与平时观看花卉的视角有所不同，画面具有新鲜感

焦距：50mm　光圈：f/1.8　快门速度：1/500s
感光度：ISO 200

仰视拍摄花卉感觉更精彩

如果能够采用仰视角度拍摄花卉，能够拍出更为独特的花卉照片。若相机的液晶屏具有翻转功能，摄影师不必与土地亲密接触，就能够轻易地以仰视角度进行拍摄。

另外，仰视拍摄时，更容易拍到天空，如果直接对花朵进行测光，可能会导致天空曝光过度，所以应先对准花朵测光，锁定曝光后再重新构图，从而得到花卉和天空曝光都合适的精彩画面。

↺ 异于常态的仰视拍摄，可以使花朵显得更高大，给人以新鲜感

焦距：50mm　光圈：f/3.5　快门速度：1/640s
感光度：ISO 200

俯视拍摄花卉要注意构图与选景

　　俯视是我们日常观看花卉时比较常见的角度，因此要以这样一种角度拍摄出优秀的花卉作品，就需要在构图与选景等方面下工夫。如果花朵本身没有什么特殊之处，那么就要在造型上有上佳的表现，比如突出表现非常规则、对称的花瓣等。

　　◑ 以俯视角度拍摄时，也可以只取花卉的一部分进行表现，以避免画面流于俗套

焦距: 160mm　光圈: f/2.8　快门速度: 1/100s　感光度: ISO 100

　　◔ 在这张照片中，花瓣呈现比较规则的放射状，再加上明黄与墨绿这两种色彩的强烈对比，画面显得与众不同，且非常具有观赏性

焦距: 35mm　光圈: f/5.6　快门速度: 1/125s　感光度: ISO 100

16.4 花卉摄影常用构图技法

用散点式构图表现星罗棋布的花卉

散点式构图是指将多个有趣的点有规律地呈现在画面中的一种构图手法，其主要特点是"形散而神不散"，特别适合于拍摄大面积花卉。另外，在拍摄鸟群、羊群等类型的题材时也比较常用。

采用这种构图手法拍摄时，要注意花丛的面积不要太大，否则没有星罗棋布的感觉。另外，花丛中要表现的花卉与背景的对比要明显，否则拍出的画面效果不会非常理想。

◠ 散点式构图适合展示几朵花在画面中自然散布的美感

焦距: 60mm 光圈: f/5
快门速度: 1/125s 感光度: ISO 100

用黄金分割构图突出花朵的美感

在花卉摄影中，经常拍摄的不是一丛丛的花卉，而是个别的花朵，因此可以使用

黄金分割构图方法突出花朵，使照片更加符合视觉审美标准。

◠ 单只的花卉常用黄金分割构图来表现，这样画面看起来比较舒服，既不会很满，也不会显得空荡

焦距: 60mm 光圈: f/4
快门速度: 1/640s 感光度: ISO 400

用中心式构图突出主体花卉

中心式构图可以给人一种安定感和集中力强的视觉印象。在拍摄花卉时，将花卉置于画面的中心位置进行构图，就能够拍出视觉冲击力很强的照片。

扫描二维码，跟视频学摄影

⊂ 花卉拍摄技巧——十种拍摄花卉的构图方法

⋒ 将单独的花卉放于画面的中心位置，在视觉上很有冲击力

焦距: 60mm 光圈: f/5 快门速度: 1/125s 感光度: ISO 200

16.5 用不同的背景衬托花卉

单色背景有利于突出花卉

　　单色的背景总能很好地突出花朵，通过恰当的色彩搭配，能够拍出非常纯净、唯美的花卉作品。

　　要使用单色背景，除了借助环境中的单色对象外，也可以准备一些不同色彩的背景布，如常见的黑色与白色背景布。在放置背景的时候，要注意背景布和花朵之间

保持一定的距离，这样获取的纯色背景就比较自然。

　　建议在拍摄单色背景的花卉时，使用点测光方式，尤其在使用纯黑背景时，以获得准确的曝光结果。另外，要注意适当设置曝光补偿，以获得纯粹的单色背景。

◐ 橙灰色背景显得简单、低调，配合前景中白色的花朵、黄色的花蕊及绿色的花茎，画面显得非常简洁，花朵主体也非常突出

焦距：100mm　光圈：f/16
快门速度：1/800s　感光度：ISO 200

扫描二维码，跟视频学摄影

🎧 花卉拍摄技巧——利用黑色或白色背景衬托花卉

◐ 选择单一的深色背景，拍摄出来的画面背景非常干净，与花卉的对比也比较强烈，凸显了花卉的颜色和形态

焦距：100mm　光圈：f/8
快门速度：1/200s　感光度：ISO 200

柔美的焦外簇拥效果

面对色彩和形态都特别完美的花朵时，有时周围的花和底部的花茎会成为拍摄的阻碍因素，有种"食之无味，弃之可惜"的感叹。此时可以灵活地运用构图表现花朵的形态和个性。用特写的手法将拍摄对象充满画面，利用极浅的景深将主体周围的多余花卉全部虚化，并用虚化的前景来遮挡主体的花茎，得到一种类似柔焦镜头拍摄的效果，将主体的细节和纯粹美感呈现出来。

这种拍摄手法让画面呈现一种柔美的细节感，充盈的色彩让画面有种朦胧美。

扫描二维码，跟视频学摄影

🔁 花卉拍摄技巧——用大光圈得到虚化背景

🎧 当拍摄环境比较杂乱，又无法避开时，可以利用大光圈将背景虚化掉，也能够获得主体突出的画面

焦距：60mm　光圈：f/4　快门速度：1/500s　感光度：ISO 200

利用背景的光区托起花朵的姿态

在直射光条件下拍摄花卉时，除了使花卉成为明亮的高光主体，并且用压暗的背景突出主体存在感之外，也可以利用花丛中其他颜色的花朵形成的亮光区作为多彩的画面背景，烘托气氛。

由于明暗反差较大，同样明亮的背景与主体花卉会争夺视线，很容易出现喧宾夺主的情况，因此在拍摄时可以通过降低拍摄角度或者

侧拍的方式，将主体花卉与明暗的背景错开，使其置在被压暗的背景中，利用背景的多彩光区来托起花朵的姿态。

⊃ 由于设置了较大的光圈，使得背景处的明亮花卉形成了好看的光斑，与前景中的花卉构成一幅梦幻效果的画面

焦距：50mm　光圈：f/1.8　快门速度：1/400s
感光度：ISO 100

花卉与背景的色彩搭配

　　背景的色彩在色相、明度或饱和度三个方面，最好与花朵颜色形成对比和反差，这样才能更加突出表现花卉主体。

　　因此，绿叶是最常见的拍摄背景，因为绿叶的颜色能与花卉的红色、粉色、白色、紫色等形成鲜明的色相对比，更能突出主体的颜色。

◑ 浅粉色的桃花在蓝天的衬托下显得更加明媚动人

焦距：200mm　光圈：f/4　快门速度：1/250s　感光度：ISO 200

利用对比色背景衬托花卉

　　以花朵颜色的对比色或差异较大的颜色作为背景，也能达到很好地突出花朵主体地位的效果。例如，黄色的花朵与蓝色的背景等。由于对比色有很强的视觉冲击力，所以这样的画面看起来也很醒目。

扫描二维码，跟视频学摄影

◑ 花卉拍摄技巧——花卉与背景色彩的搭配

◑ 大片红色的"花卉"在绿色背景下，显得更加娇艳、迷人

焦距：35mm　光圈：f/5.6　快门速度：1/500s　感光度：ISO 100

紫色的花瓣包裹着黄色的花
蕊，紫色与黄色的完美搭配
与碰撞，使画面极具视觉冲
击力

焦距：180mm　光圈：f/16
快门速度：1/200s　感光度：ISO 200

逆光拍摄花卉突出其剔透的感觉

若想得到半透明效果的花卉，可采用逆光的角度进行拍摄，利用明显的明暗对比将花瓣剔透的感觉表现得很好。拍摄时，应对准画面的亮度进行测光，并根据拍摄环境的光线，适当地增加曝光补偿，以加强半透明的画面效果。

扫描二维码，跟视频学摄影

↻ 花卉拍摄技巧——三种不同光线拍摄花卉要点

⊃ 逆光下进行拍摄，将花朵在光线穿透下的漂亮画面纳入镜头中，获得晶莹剔透的花朵效果

焦距: 200mm
光圈: f/3.5
快门速度: 1/500s
感光度: ISO 100

16.6　利用慢速快门捕捉风中摇曳的精灵

在室外拍摄花朵时，难免会遇到有风的环境，最常见的解决方法就是使用高速快门定格运动中的花朵，这样拍出的花朵会有较好的动感。当然，在这种情况下，定格运动中的花朵并非唯一的选择，使用低速快门还能够拍出具有一定动感效果的画面，

为了表现植物被风吹拂的动感效果，需要使用较慢的快门时间（快门设定为 1/15s，光圈设定为 f/22），较慢的快门时间能使景物得到虚化，朦胧的花卉仿佛精灵一般散发着魅力。

🎧 拍摄这幅作品时的风力不大，但柔弱的花瓣仍会随着风不规则地摇摆，因此使用1/15s的低速快门拍出了花瓣的动感模糊效果。在拍摄时可以根据当时的风力和花朵的运动速度来决定快门速度的数值，另外，如果光线非常充足，可能无法降低快门速度，此时可以尝试使用中灰滤镜来减少进光量，进而降低快门速度

焦距：180mm　光圈：f/8　快门速度：1/15s　感光度：ISO 100

16.7　利用昆虫衬托使花卉画面更有趣

在拍摄花卉时，如果有合适的时机，不妨将昆虫也纳入到画面中，以增加画面的生气，衬托着画面更有趣。但要注意此时的主体是花朵，最好不要使昆虫在画面中占据太显眼的位置，昆虫的色彩也不能过于艳丽，否则会造成喧宾夺主、干扰主体的视觉效果。

在拍摄时，由于昆虫经常不停地飞动或爬行，想要获得合适的角度和位置，就需要摄影师耐心等候。

① 单一的花朵上增加了一只小蜜蜂，画面马上变得更有生气

焦距: 190mm　光圈: f/9　快门速度: 1/200s　感光度: ISO 100

扫描二维码，跟视频学摄影

⊙ 花卉拍摄技巧——纳入昆虫点缀花卉

16.8　利用水珠点缀使花卉画面更生动

拍摄花卉时，为了使其在画面中表现得更加生动，摄影师可以在清晨或雨后时段拍摄挂有水珠的花朵，水仿佛带有灵性一般，用水滴点缀可以更加衬托出花朵娇艳欲滴的鲜活感与灵动的生命感。另外，对于水珠的抓取，除了选择在特定时间进行拍摄外，摄影师可随时自己

动手借用喷壶对花朵进行喷洒，同样也可以制作出类似的效果。

扫描二维码，跟视频学摄影

⊙ 花卉拍摄技巧——拍摄带有晨露水珠的照片

⊅ 沾着水滴的花卉更加有种娇鲜欲滴的感觉，在暗背景的衬托下，花朵的鲜活与灵动被表现得淋漓尽致

焦距: 60mm　光圈: f/9　快门速度: 1/320s
感光度: ISO 40